图解
机械制造工艺
入门与提高

TUJIE JIXIE ZHIZAO GONGYI
RUMEN YU TIGAO

崔兆华 编著

化学工业出版社
· 北京 ·

内 容 简 介

本书从企业实际工作及岗位需求出发，对机械制造过程中常用毛坯制造和切削加工的工艺方法与规程进行了较为全面和深入的介绍，主要涉及铸造、锻压、焊接、钳加工、车削、铣削与镗削、磨削、刨削、插削和拉削、齿轮加工、数控加工与特种加工等加工方法。

本书语言平实、通俗易懂，突出新知识、新技术、新工艺和新方法，可供企业工程技术人员、技术工人学习参考，也可作为职业技术院校、技工学校和各类培训机构的教材和参考书。

图书在版编目（CIP）数据

图解机械制造工艺入门与提高/崔兆华编著. —北京：
化学工业出版社，2023.5
ISBN 978-7-122-43028-1

Ⅰ.①图… Ⅱ.①崔… Ⅲ.①机械制造工艺-图解
Ⅳ.①TH16-64

中国国家版本馆 CIP 数据核字（2023）第 039629 号

责任编辑：王　烨　　　　　　　　　　文字编辑：郑云海　陈小滔
责任校对：王　静　　　　　　　　　　装帧设计：刘丽华

出版发行：化学工业出版社（北京市东城区青年湖南街 13 号　邮政编码 100011）
印　　装：高教社（天津）印务有限公司
787mm×1092mm　1/16　印张 13¼　字数 296 千字　2023 年 8 月北京第 1 版第 1 次印刷

购书咨询：010-64518888　　　　　　　售后服务：010-64518899
网　　址：http://www.cip.com.cn
凡购买本书，如有缺损质量问题，本社销售中心负责调换。

定　　价：69.00 元

任何一种机械产品都是由机械零件组成的，机械零件是由不同的材料经过机械制造而成。机械制造是指利用各种手段对金属材料进行加工从而得到所需产品，包括从金属材料毛坯的制造到制成零件后装配到产品上的全过程。

毛坯制造过程一般分为选材和成形两个阶段。选材是指根据零件的功用和技术要求选择毛坯材料；成形指根据零件的材料和技术要求加工成形。

零件加工是机械生产过程的一个主要阶段，零件的形状在这一阶段形成，并且零件要达到技术要求和使用性能要求。机械零件的加工以金属切削为主，金属切削加工方法一般分为车削、铣削、磨削、钻削、镗削、插削、刨削、齿轮加工等。金属切削加工内容繁多，但各种切削加工共同涉及的问题是工艺方法与过程、工艺装备（机床、刀具、夹具、量具）。

工艺是指使各种原材料、半成品成为产品的方法与过程。工艺过程是指改变生产对象的形状、尺寸、相对位置和性质等，使其成为产品或半成品的过程。机械制造工艺包含工艺性分析、工艺方案的确定、工艺文件的制订、工艺装备的选择等内容。

本书基于以上零件加工方法，详细讲述了毛坯制造工艺、切削加工工艺、机械加工工艺规程的制订等内容。通过本书的学习，读者可以获得机械制造的常用工艺方法和机械零件加工工艺的基础知识，进而对机械制造工艺过程形成一个完整的认识。

本书结合企业实际，反映岗位需求，突出新知识、新技术、新工艺和新方法，并注重职业能力的培养。本书可作为企业培训部门、各级职业技能培训机构、职业技术院校和技工学校等的教材和参考书。

本书由临沂市技师学院崔兆华编著。夏洪雷主审。付荣、崔人凤、郭磊、武玉山为本书编写提供了帮助。在编写过程中，引用了一些文献，在此谨向有关作者、参与示范操作的人员表示最诚挚的谢意。由于编者水平有限，书中难免有疏漏和不当之处，敬请广大读者批评指正，在此表示衷心的感谢。

编　者

目录

第4章　切削加工基础 / 32

第5章　钳加工 / 47

第6章 车削 / 70

第7章 铣削与镗削 / 87

第8章 磨削 / 103

第9章　刨削、插削和拉削 / 115

第10章　齿轮加工 / 126

第11章　数控加工与特种加工 / 135

第12章　机械加工工艺规程 / 147

第1章

铸造

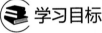
学习目标

（1）掌握铸造的概念及铸造方法。

（2）了解砂型铸造的工艺过程。

（3）了解砂型铸造常见缺陷。

（4）了解常用特种铸造方法及应用。

熔炼金属、制造铸型，并将熔融金属浇注到铸型，凝固后获得具有一定形状、尺寸和性能的金属零件毛坯的成形方法称为铸造。铸造所得到的金属零件或零件毛坯称为铸件，如图 1-1 所示。

铸造的分类方法有很多，按生产方法不同可分为砂型铸造和特种铸造。特种铸造又可分为熔模铸造、金属型铸造、压力铸造和离心铸造等。其中用砂型铸造生产的铸件占铸件总产量的 80% 以上。

图 1-1　铸件

1.1　砂型铸造

使用砂型生产铸件的铸造方法称为砂型铸造。砂型铸造不受合金种类、铸件形状和尺寸的限制，是应用最为广泛的一种铸造方法。但砂型铸造件尺寸精度低，质量不稳定，容易形成废品，不适用于铸件精度要求较高的场合。

1.1.1 砂型铸造的工艺过程

铸造时，根据工件的铸造要求，经过制造模样、制备造型材料、造型、造芯、合型、金属熔炼、浇注、冷却、落砂、清理等工艺过程即可得到铸件，经检验合格后获得所需的工件或毛坯。图 1-2 所示为齿轮毛坯的砂型铸造工艺过程。

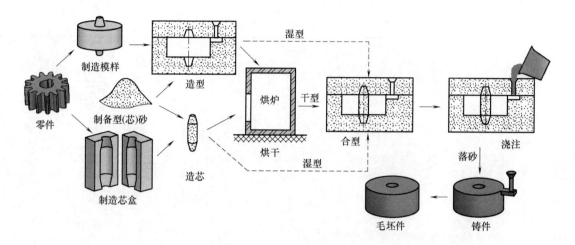

图 1-2　齿轮毛坯的砂型铸造工艺过程

(1) 制造模样与芯盒

由木材、金属或其他材料制成，用来形成铸型型腔的工艺装备称为模样。制造砂型时，使用模样可以获得与工件外部轮廓相似的型腔。模样按其使用特点可分为消耗模样和可复用模样两大类。消耗模样只用一次，制成铸型后，按模样材料的性质，用熔解、熔化或汽化的方式将其破坏，从铸型中脱除。砂型铸造中采用的是可复用模样。

用来制造型芯的工艺装备称为芯盒。芯盒的内腔与型芯的形状和尺寸相同。通常在铸型中，型芯形成铸件内部的孔穴，但有时也形成铸件的局部外形。

(2) 制备型（芯）砂

型（芯）砂是用来制造铸型的材料。在砂型铸造中，型（芯）砂的基本原材料是铸造砂和型砂黏结剂。生产中，将其按一定比例和要求混合后制成型（芯）砂。常用的铸造砂有硅砂、锆砂、铬铁矿砂、刚玉砂等。

(3) 造型

利用制备的型砂及模样等制造铸型的过程称为造型。砂型铸造件的外形取决于型砂的造型。按照造型的手段，造型方法可分为手工造型和机器造型两大类。

① **手工造型**　手工造型是全部用手工或手动工具完成的造型工序。手工造型操作灵活、适应性广、工艺装备简单、成本低，但其铸件质量不稳定、生产率低、劳动强度大、操作技艺要求高，所以手工造型主要用于单件或小批量生产，特别是大型和形状复杂的铸件的生产。手工造型的特点及应用场合见表 1-1。

② **机器造型**　机器造型是指用机器全部完成或至少完成紧砂操作的造型工序。紧砂是指提高砂箱内的型砂和芯盒内的芯砂紧实度的操作，常用的紧砂方法有压实法、振实

⊡ 表 1-1　手工造型的特点及应用场合

方法	图示	特点及应用场合
两箱造型	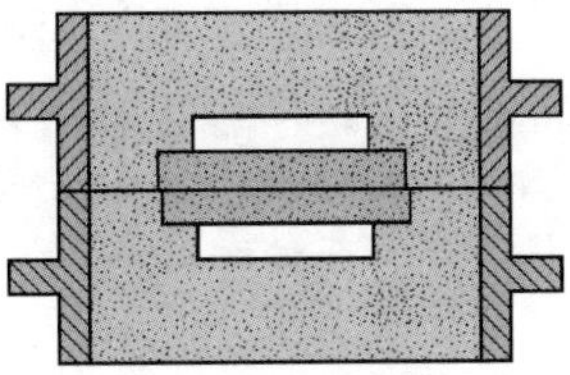	铸型由成对的上型和下型构成,操作简单。适用于各种生产批量和各种大小的铸件
三箱造型	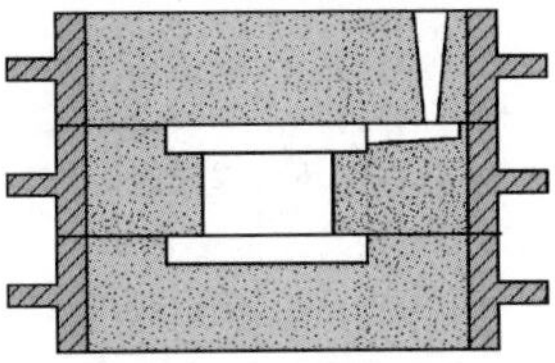	铸型由上、中、下三型构成,中型高度需与铸件两个分型面的间距相适应。三箱造型操作费工,主要适用于具有两个分型面的铸件的单件或小批量生产
地坑造型	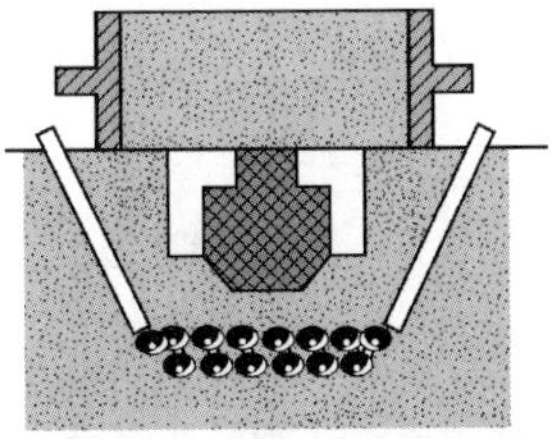	在地基上挖坑,并利用挖出的地坑进行造型。主要用于生产大型铸件
组芯造型		用若干块砂芯组合成铸型,而不需要砂箱。它可提高铸件的精度,但成本高。适用于批量生产形状复杂的铸件
整模造型	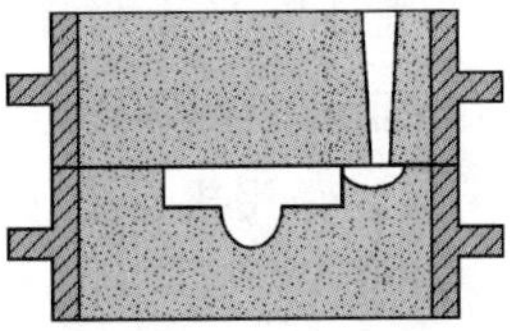	模样是整体的,铸件分型面为平面,铸型型腔全部在半个铸型内,其造型简单,铸件不会产生错型缺陷。适用于生产铸件最大截面在一端且为平面的铸件
挖砂造型	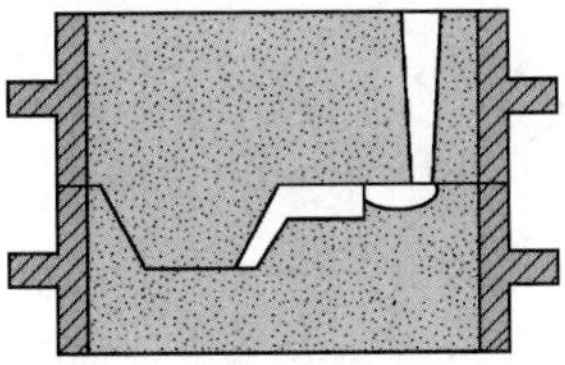	模样是整体的,铸件分型面为曲面。为便于起模,造型时需手工挖去阻碍起模的型砂。其造型操作复杂,生产率低,对工人技术水平要求高。适用于分型面不是平面的单件或小批量生产的铸件
假箱造型	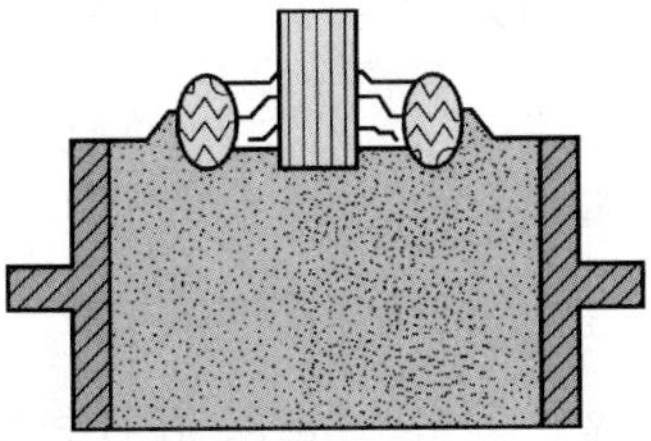	在造型前预先做一底胎(即假箱),然后在底胎上制作下箱,因底胎不参与浇注,故称假箱。假箱造型比挖砂造型操作简单,且分型面整齐。用于批量生产中需要挖砂的铸件

方法	图示	特点及应用场合
分模造型		分模造型是将模样沿最大截面处分成两半,型腔位于上、下两个砂箱内,造型简单,生产率低。常用于生产最大截面在中部的铸件
活块造型		制模时,将铸件上妨碍起模的小凸台、肋条等部分做成活动的(即活块);起模时,先起出主体模样,然后再从侧面取出活块。其造型费时,对工人技术水平要求高。主要用于带有凸出部分、难以起模的铸件的单件或小批量生产
刮板造型		采用刮板代替实体模样造型,可降低模样成本,节约木材,缩短生产周期。但其生产率低,对工人技能水平要求高。可用于有等截面或回转体的大、中型铸件的单件或小批量生产,如带轮、铸管、弯头等

法、抛砂法等。机器造型铸件尺寸精确、表面质量好、加工余量小,但需要专用设备,投资较大,适用于大批量生产。

(4)造芯

将芯砂制成符合芯盒形状的砂芯的过程称为造芯。造芯是为获得铸件内孔或局部外形,用芯砂或其他材料制成的安放在型腔内部的铸型组元。造芯分为手工造芯和机器造芯。单件或小批量生产时,采用手工造芯;批量生产时,采用机器造芯。手工造芯常用的方法是芯盒造芯。芯盒通常由两部分组成,如图1-3所示。

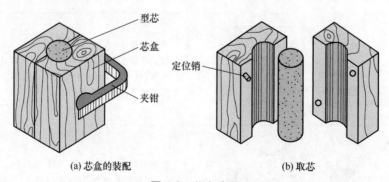

(a) 芯盒的装配   (b) 取芯

图1-3 芯盒造芯

(5)合型

合型又称合箱,是将铸型的各个组件,如上型、下型、型芯、浇注系统等组合成一个完整铸型的操作过程。

合型前，应对砂型和型芯的质量进行检查，若有损坏，需要进行修理；为检查型腔顶面与型芯顶面之间的距离，需要进行试合型（称为验型）。合型时，要保证铸型型腔几何形状和尺寸的准确及型芯的稳固。合型后，上、下型应夹紧或在铸型上放置压铁，以防浇注时上型被熔融金属顶起，造成抬型、型漏（熔融金属流出箱外）或跑火（着火气体溢出箱外）等事故。

(6) 熔炼

通过加热使金属由固态转变为液态，然后进行成分调节和精炼，使其纯净度、温度和成分达到要求的过程称为熔炼。不同的金属材料采用不同的熔炼设备。铸铁件常采用冲天炉进行熔炼；合金铸铁件则采用工频炉或中频炉熔炼；铸钢件一般采用三相电弧炉进行熔炼，一些中小型工厂近年来也采用工频炉或中频炉进行熔炼；铜、铝等有色金属件一般采用坩埚炉或中频感应炉进行熔炼。

(7) 浇注

把熔融金属从浇包注入铸型的过程称为浇注，液体金属通过浇注系统进入型腔。

① 浇注系统　浇注系统是为了将金属液导入型腔，而在铸型中做出的各种通道，便于引流金属液。如图1-4所示，典型的浇注系统通常由浇口杯、直浇道、横浇道、内浇道组成。浇注系统的作用是保证熔融金属平稳、均匀、连续地充满型腔；阻止熔渣、气体和砂粒随熔融金属进入型腔，控制铸件的凝固顺序，供给铸件冷凝收缩时所需补充的液体金属（补缩）。

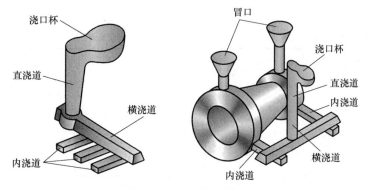

图1-4　浇注系统和冒口

② 冒口　冒口是铸型内存储供补缩铸件用熔融金属的空腔（图1-4）。尺寸较大的铸件设置冒口除起到补缩作用外，还起到排气、集渣的作用。冒口一般设置在铸件的最高处和最厚处。

③ 浇注工艺要求　浇注温度的高低及浇注速度的快慢是影响铸件质量的重要因素之一。为了获得优质铸件，浇注时对浇注温度和浇注速度必须加以控制。液体金属浇入铸型时所测量到的温度称为浇注温度。浇注温度是铸造过程中必须控制的指标之一。通常，灰铸铁的浇注温度为1200～1380℃。单位时间内浇入铸型中的液体金属的质量称为浇注速度，用kg/s表示。浇注速度应根据铸件的具体情况而定，可通过操纵浇包和布置浇注系统进行控制。浇包是容纳、处理、输送和浇注熔融金属用的容器，用钢板制成外壳，内衬

耐火材料。

浇注前，应把熔融金属表面的熔渣除尽，以免浇入铸型而影响质量。浇注时，须使浇口盆保持充满状态，不允许浇注中断，并注意防止飞溅和溢出砂型。

(8) 落砂和清理

用手工或机械方法使铸件和型（芯）砂分离的操作称为落砂。铸型浇注后，铸件在砂型内应有足够的冷却时间。冷却时间可根据铸件的成分、形状、大小和壁厚确定。过早进行落砂，会因铸件冷却速度太快而使其内应力增加，甚至变形、开裂。

清理是落砂后从铸件上清除表面黏砂、型砂、多余金属（包括浇冒口、飞翅和氧化皮）等过程的总称。清除浇、冒口时要避免损伤铸件。铸件表面的黏砂、细小飞翅、氧化皮等可采用滚筒清理、抛丸清理、打磨清理等。

(9) 检验

经落砂、清理后的铸件应进行质量检验。铸件的质量包括外观质量、内在质量和使用质量。铸件均需进行外观质量检查，重要的铸件还须进行必要的内在质量和使用质量检查。

为检查铸件的内在质量和使用性能，需要在浇注铸件时同时浇注试块。试块加工成试样后，用以检查铸件的金相组织、化学成分、力学性能等。

1.1.2 铸件的缺陷

由于铸造工艺较为复杂，铸件质量受型砂的质量、造型、熔炼、浇注等诸多因素的影响，容易产生缺陷。铸件的常见缺陷见表 1-2。

⊡ **表 1-2 铸件的常见缺陷**

缺陷	图示	特征	产生原因
气孔	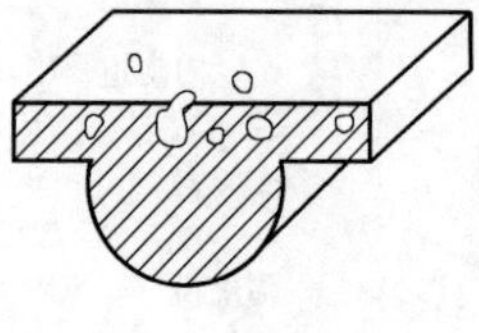	表面比较光滑，呈梨形、圆形的孔洞，一般不在表面露出。大的气孔常孤立存在，小的气孔则成群出现	型砂含水过多，透气性差；起模和修型时刷水过多；砂芯烘干不良或砂芯通气孔堵塞；浇注温度过低或浇注速度太快
缩孔	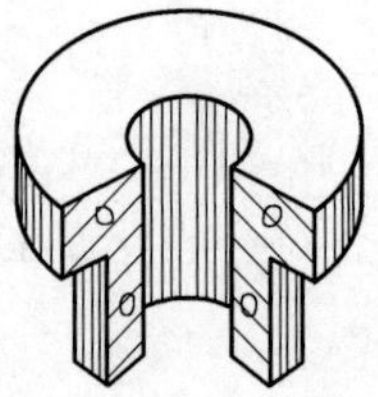	形状不规则、孔壁粗糙并带有枝状晶的孔洞。缩孔多分布在铸件厚断面处或最后凝固的部位	铸件结构不合理，如壁厚相差过大，造成局部收缩过程中得不到足够熔融金属的补充；补缩不良
砂眼	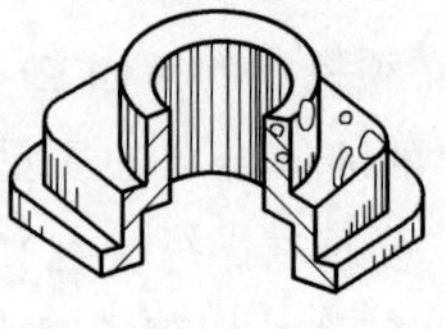	在铸件内部或表面有充塞砂粒的孔眼	型砂和芯砂的强度不够；砂型和砂芯的紧实度不够；合箱时铸型局部损坏；浇注系统不合理，冲坏了铸型

缺陷	图示	特征	产生原因
黏砂	黏砂	铸件的部分或整个表面黏附着一层砂粒,以及金属的机械混合物或由金属氧化物、砂粒和黏土相互作用而生成的低熔点化合物。铸件表面粗糙不易加工	型砂和芯砂的耐火性不够;浇注温度太高;未刷涂料或涂料太薄
冷隔	冷隔	铸件上有未完全融合的缝隙或洼坑,其交接处是圆滑的	浇注温度太低;浇注速度太慢或浇注过程曾有中断;浇注系统位置开设不当或浇道太小
浇不足		铸件不完整	浇注时金属量不够;浇注时液体金属从分型面流出;铸件太薄;浇注温度太低;浇注速度太慢
裂纹	裂纹	裂纹即铸件开裂,分冷裂和热裂	铸件结构不合理,壁厚相差太大;砂型和砂芯的退让性差;落砂过早

1.2 特种铸造

与砂型铸造不同的其他铸造方法称为特种铸造。目前特种铸造方法已有几十种,常用的有熔模铸造、金属型铸造、压力铸造、离心铸造等。

1.2.1 熔模铸造

熔模铸造是利用易熔材料制成模样,然后在模样上涂覆若干层耐火涂料制成型壳,经硬化后再将模样熔化,排出型外,从而获得无分型面的铸型。铸型经高温焙烧后即可进行浇注。哑铃的形状如图 1-5 所示,下面以此为例分析熔模铸造的工艺过程,见表 1-3。

图 1-5 哑铃

⊡ 表 1-3　熔模铸造的工艺过程

工艺过程	图示	说明
(1)压型	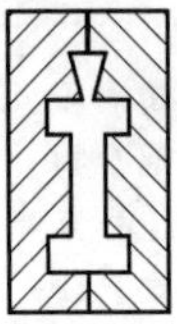	将糊状蜡料(常用的低熔点蜡基模料为50%石蜡加50%硬脂酸)用压蜡机压入压型型腔
(2)制作单个蜡模	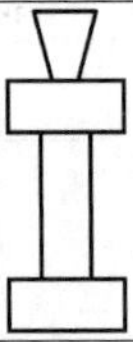	凝固后取出,得到蜡模
(3)制作蜡模组	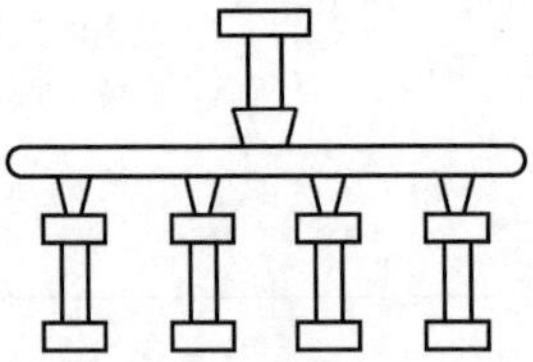	在铸造小型工件时,常将很多蜡模粘在蜡质的浇注系统上,组成蜡模组
(4)制作蜡模型壳	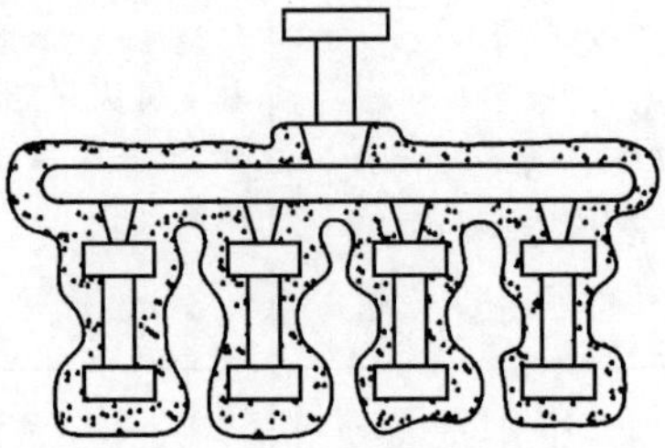	将蜡模组浸入涂料(石英粉加水玻璃黏结剂)中,取出后在上面撒一层硅砂,再放入硬化剂(如氯化铵溶液)中进行硬化。反复进行挂涂料、撒砂、硬化4～10次,这样就在蜡模组表面形成由多层耐火材料构成的坚硬型壳
(5)型壳脱蜡	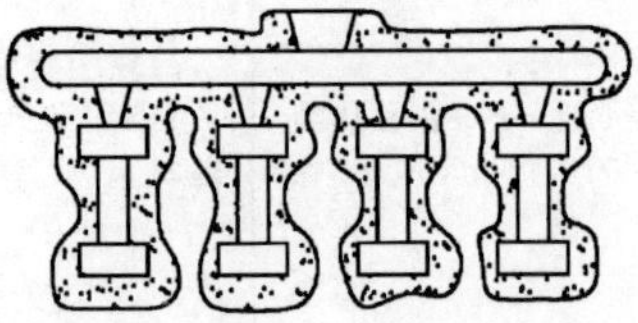	将带有蜡模组的型壳放入80～90℃的热水或蒸汽中,使蜡模熔化并从浇注系统中流出,于是就得到一个没有分型面的型壳。再经过烘干、焙烧,以去除水分及残蜡并使型壳强度进一步提高
(6)填砂捣实	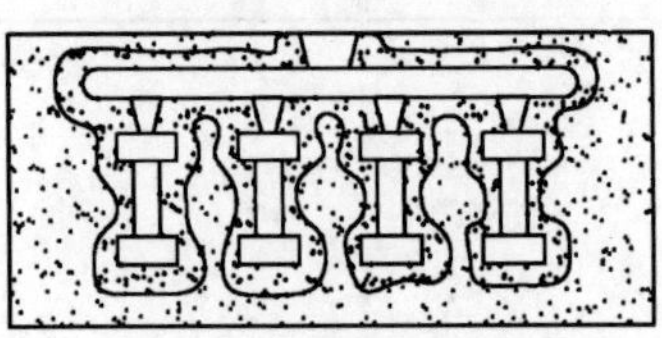	将型壳放入砂箱,四周填入干砂捣实
(7)浇注	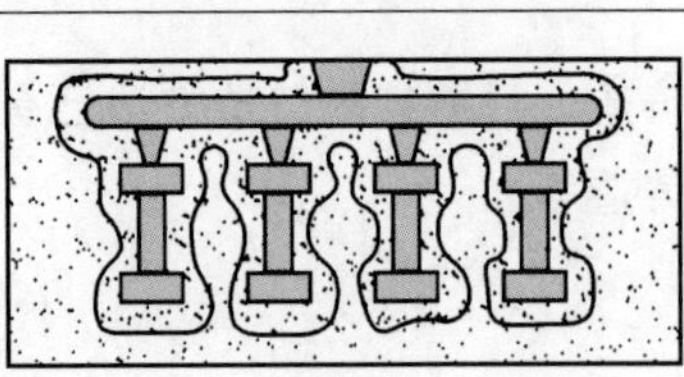	装炉焙烧(800～1000℃),将型壳从炉中取出后,趁热(600～700℃)进行浇注
(8)铸件	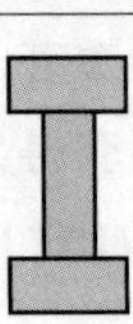	冷却凝固后清除型壳,便得到一组带有浇注系统的铸件,再经清理、检验就可得到合格的熔模铸件

1.2.2 金属型铸造

金属型铸造又称硬模铸造，是将液体金属浇入金属铸型，在重力作用下充填铸型以获得铸件的铸造方法。常见的垂直分型式金属型由定型和动型两个半型组成，如图1-6所示。分型面位于垂直位置，浇注时先使两个半型合紧，凝固后利用工具使两半型分离，取出铸件。

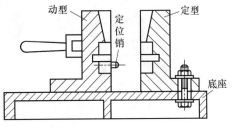

图1-6　金属型铸造

为了保证铸型的使用寿命，制造铸型的材料应具有高的耐热性和导热性，能够反复受热不变形、不破坏，具有一定的强度、韧性、耐磨性，以及良好的切削加工性能。在生产中，常选用铸铁、碳素钢或低合金钢作为铸型材料。

金属型导热性好，液体金属冷却速度快，流动性降低快，故金属型铸造时浇注温度比砂型铸造高。在铸造前需要对金属型进行预热，铸造前未对金属型进行预热而进行浇注容易使铸件产生冷隔、浇不足、夹杂、气孔等缺陷，未预热的金属型在浇注时还会使铸型受到强烈的热冲击，应力倍增，极易被损坏。

1.2.3 压力铸造

压力铸造简称压铸，是利用高压使液态或半液态金属以较高的速度充填金属型型腔，并在压力下成形和凝固而获得铸件的方法。压铸机的种类很多，工作原理基本相同，图1-7所示为卧式冷压室压铸机的工作示意图。

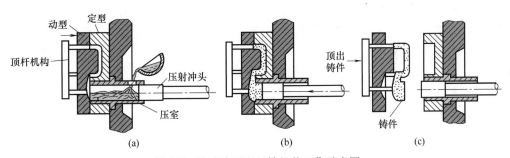

图1-7　卧式冷压室压铸机的工作示意图

1.2.4 离心铸造

将熔融金属浇入绕水平轴、立轴或倾斜轴旋转的铸型内，在离心力作用下凝固成形，这种铸造方法称为离心铸造。离心铸造在离心铸造机（图1-8）上进行，铸型可以用金属型，也可以用砂型。图1-9所示为离心铸造的工作原理，图1-9（a）所示为绕立轴旋转的离心铸造，铸件内表面呈抛物面，铸件壁厚上下不均匀，并随着铸件高度增大而愈加严重，因此只适用于制造高度较小的

图1-8　离心铸造机

环类、盘套类铸件；图 1-9（b）所示为绕水平轴旋转的离心铸造，铸件壁厚均匀，适用于制造管、筒、套（包括双金属衬套）及辊轴等铸件。

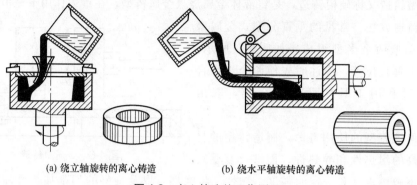

(a) 绕立轴旋转的离心铸造　　(b) 绕水平轴旋转的离心铸造

图 1-9　离心铸造的工作原理

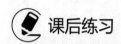 课后练习

（1）什么是铸造？按生产方法不同，铸造分为哪几种？

（2）砂型铸造一般由哪些工艺过程组成？

（3）砂型铸造时，常见铸件的缺陷有哪些？

（4）简述熔模铸造的工艺过程。

第2章

锻压

学习目标

（1）掌握锻造的概念及其类别。
（2）了解锻造基本的生产工艺过程。
（3）了解自由锻常用设备、工具及其工序。
（4）了解冲压设备及冲压基本工序。

对坯料施加外力，使其产生塑性变形，改变尺寸、形状及改善性能，用以制造机械零件、工件或毛坯的成形加工方法称为锻压。锻压是机械制造中重要的加工方法，包括锻造和冲压两部分。

2.1 锻造

锻造是在加压设备及工（模）具的作用下，使金属坯料或铸锭产生局部或全部的塑性变形，以获得一定几何尺寸、形状和质量的锻件的加工方法。按成形方式不同，锻造分为自由锻和模锻两大类，如图 2-1 所示。

2.1.1 锻造生产工艺过程

锻造基本的生产工艺过程包括下料、加热、锻造、冷却、检验和热处理等。

（1）下料

供锻造车间生产用的原材料绝大多数是各种型材和钢坯，在锻前根据需要把它们分成若干段，这个过程称作下料。

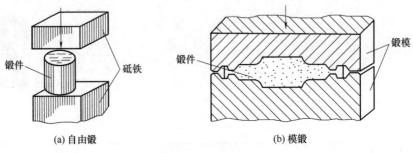

(a) 自由锻   (b) 模锻

图 2-1　锻造方式

（2）锻前加热

坯料在锻造之前通常需要加热，加热的目的是提高坯料的塑性和降低其变形抗力，即提高坯料的可锻性。

（3）锻造

锻造就是利用锻造设备使处于始锻温度到终锻温度之间的坯料在力的作用下发生合适的塑性变形，从而改变它的尺寸、形状，优化材料内部组织，并最终得到符合要求的锻件的过程。

（4）冷却

锻件的冷却同加热一样，也是保证锻件质量的重要环节。锻件的冷却是指锻后从终锻温度冷却到室温的过程。如果锻后锻件冷却不当，会使应力增加、表面过硬，影响锻件的后续加工，严重的还会产生翘曲变形、裂纹，甚至造成锻件报废。常用的冷却方法有以下3种：

① 空冷　将热态锻件放在空气中冷却的方法称为空冷。空冷是冷却速度较快的一种冷却方式，适用于低碳钢、中碳钢的小型锻件。

② 坑冷　将热态锻件放在地坑（或铁箱）中缓慢冷却的方法称为坑冷。坑冷的冷却速度适中，适用于低合金钢及截面尺寸较大的锻件。

③ 炉冷　将热态锻件放入炉中缓慢冷却的方法称为炉冷。刚放入炉内时要求炉内温度与锻件温度相近。炉冷的冷却速度慢，适宜冷却大型锻件或高合金钢锻件。

（5）锻件的质量检验

锻件质量的检验包括外观质量及内部质量的检验。外观质量检验主要指对锻件的几何尺寸、形状、表面状况等项目的检验；内部质量的检验主要是指对锻件化学成分、宏观组织、显微组织及力学性能等项目的检验。

（6）锻件的热处理

在机械加工前，锻件要进行热处理，目的是使组织均匀，细化晶粒，减少锻造残余应力，调整硬度，改善机械加工性能，为最终热处理做准备。常用的热处理方法有正火、退火等。

2.1.2　自由锻

将加热后的金属坯料置于铁砧上或锻压机器的上、下砧铁之间直接进行的锻造，称为自由锻造（自由锻）。置于铁砧上的锻造称为手工自由锻，置于锻压机上的锻造称为机器自由锻。

(1) 自由锻设备

自由锻常用的设备有空气锤和水压机等。

空气锤是生产小型锻件及进行胎膜锻的常用设备，它是以压缩空气为工作介质，驱动砧块击打锻件，从而获得塑性变形的锻件。其结构如图 2-2 所示。空气锤的工作原理是，电动机经过减速机构减速，通过曲轴连杆机构使压缩活塞在压缩缸内做往复运动产生压缩空气，压缩空气进入工作缸使锤杆做上下运动以完成各项工作。空气锤是将电能转化为压缩空气的压力能来产生打击力的。

大型锻件需要在液压机上锻造，水压机是最常用的一种，如图 2-3 所示。水压机不依靠冲击力，而是靠静压力使坯料变形，工作平稳，因此工作时振动小；不需要笨重的砧座；锻件变形速度低，变形均匀，易将锻件锻透，使整个截面呈细晶粒组织，从而改善和提高了锻件的力学性能；容易获得大的工作行程并能在行程的任何位置进行锻压；劳动条件较好。

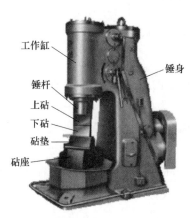

图 2-2 空气锤

图 2-3 水压机

(2) 自由锻工具

常用的自由锻工具有垫环、压棍、压铁、摔子、剁刀、钢直尺等，如图 2-4 所示。

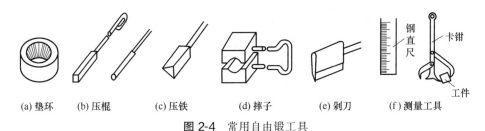

(a) 垫环　　(b) 压棍　　(c) 压铁　　(d) 摔子　　(e) 剁刀　　(f) 测量工具

图 2-4 常用自由锻工具

(3) 自由锻的基本工序

锻件的成形过程是由各种变形工序组成的。根据变形的性质和程度不同，自由锻工序可分为辅助工序、基本工序和修整工序三大类。

① 辅助工序　辅助工序是指在坯料进入基本工序前预先变形的工序。如预压钳把、切肩及压痕等。

② 基本工序 基本工序是指能够大幅改变坯料的形状和尺寸的工序。它是锻造过程中的主要变形工序，如镦粗、拔长、冲孔、扩孔、切割、弯曲、扭转、错移和锻接等。

a. 镦粗。使毛坯高度减小、横断面积增大的锻造工序称为镦粗［图 2-5（a）］。镦粗一般用来制造齿轮坯或盘饼类毛坯，或为拔长工序增大锻造比及为冲孔工序做准备等。为了防止坯料在镦粗时产生轴向弯曲，坯料镦粗部分的高度应不大于坯料直径的 2.5～3 倍。在坯料上某一部分进行的镦粗称为局部镦粗［图 2-5（b）］。局部镦粗时，可只对所需镦粗部分进行加热，然后放在垫环（漏盘）上锻造，以限制变形范围。

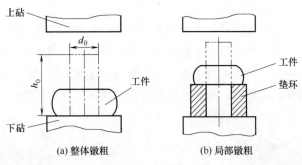

(a) 整体镦粗   (b) 局部镦粗

图 2-5 镦粗

b. 拔长。拔长是使坯料长度增加、横截面面积减小的锻造工序，通常用来生产轴类毛坯，如车床主轴、连杆等。拔长时，每次送进量 L 应为砧宽 B 的 0.3～0.7 倍。若 L 太大，则金属横向流动多，纵向流动少，拔长效率反而下降；若 L 太小，又易产生夹层，如图 2-6 所示。拔长过程中要将毛坯料反复翻转 90°，并沿轴向送进，如图 2-7（a）所示。螺旋式翻转拔长如图 2-7（b）所示，是将毛坯沿一个方向做 90°翻转，并沿轴向送进的操作。单面顺序拔长如图 2-7（c）所示，是将毛坯沿整个长度方向锻打一遍后，再翻转 90°，

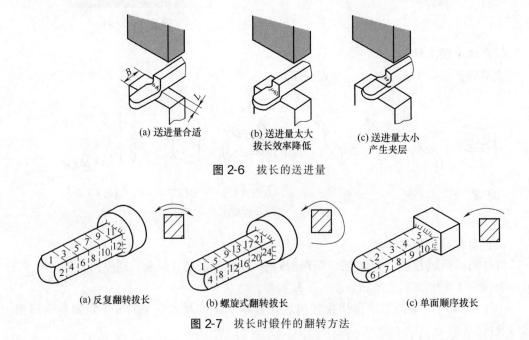

(a) 送进量合适   (b) 送进量太大   (c) 送进量太小
                   拔长效率降低   产生夹层

图 2-6 拔长的送进量

(a) 反复翻转拔长   (b) 螺旋式翻转拔长   (c) 单面顺序拔长

图 2-7 拔长时锻件的翻转方法

同样依次沿轴向送进操作。圆形截面坯料拔长时，应先锻成方形截面，在拔长到边长接近锻件时，锻成八角形截面，最后倒棱滚打成圆形截面，如图 2-8 所示。这样拔长的效率高，且能避免引起中心裂纹。

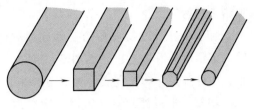

图 2-8　圆形坯料拔长时的过渡截面形状

c. 冲孔。冲孔是指在坯料上锻出不通孔或通孔的锻造工序。常用的冲孔方法有单面冲孔和双面冲孔。厚度小的坯料可采用单面冲孔法。冲孔时，坯料置于垫环上，将一略带锥度的冲头大端对准冲孔位置，用锤击方法打入坯料，直至孔穿透为止，如图 2-9 所示。双面冲孔如图 2-10 所示，在镦粗平整的坯料表面上先预冲一凹坑，放少许煤粉，再继续冲至约 3/4 深度时，借助煤粉燃烧的膨胀气体取出冲子，翻转坯料，从反面将孔冲透。

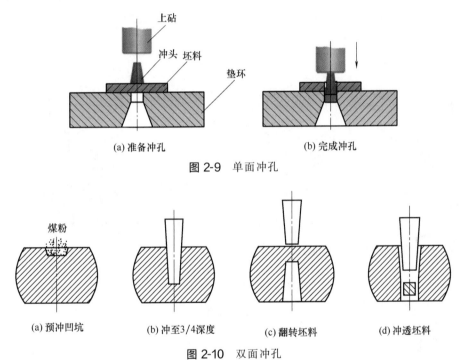

图 2-9　单面冲孔

图 2-10　双面冲孔

d. 弯曲。使坯料弯曲成一定角度或形状的锻造工序称为弯曲，如图 2-11 所示。弯曲用于制造吊钩、链环、弯板等锻件。弯曲时，锻件的加热部分最好只限于被弯曲的一段，

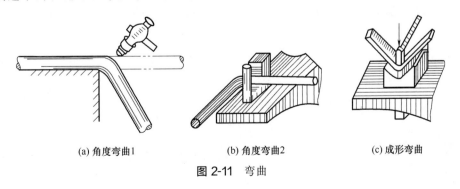

图 2-11　弯曲

且加热必须均匀。

e. 扭转。扭转是使坯料的一部分相对于另一部分旋转一定角度的锻造工艺，如图 2-12 所示。锻造多拐曲轴、连杆等锻件和校直锻件时常用这种工艺。

f. 切割。把板材或型材等切成所需形状和尺寸的坯料或工件的锻造工序称为切割。图 2-13 所示为单面切割，将剁刀垂直于坯料，锤击剁刀使其切入坯料至接近底部，然后翻转坯料，用剁刀或压棍对准切口将

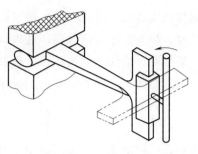

图 2-12　扭转

坯料剁断。这种方法常用于切断坯料和切除料头。在坯料的两个相对面上先后切割，称为双面切割。若先切割两相对面，再切割相邻的两相对面，则称为四面切割。双面切割和四面切割一般用于切割截面较大的坯料。图 2-14 所示为圆料切割，坯料置于剁料槽内，第一刀切至坯料直径的 1/3～1/2 深处，然后将坯料转动 120°～150°后切入第二刀，再转动坯料切第三刀，将坯料切断。

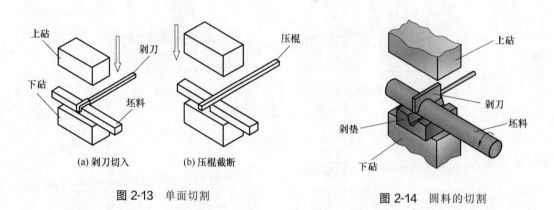

图 2-13　单面切割

图 2-14　圆料的切割

③ 修整工序　修整工序是指用来精整锻件尺寸和形状，消除锻件表面不平、弯曲等，使锻件完全达到要求的工序，如滚圆、平整及整形等。

2.1.3　模锻

将加热后的坯料放在锻模的模腔内，经过锻造，使其在模腔所限制的空间内产生塑性变形，从而获得锻件的锻造方法称为模锻。模锻的生产效率和锻件精度比自由锻高，可以锻造形状较复杂的锻件。但模锻需要专用设备，且模具制造成本高，只适用于大批量生产。

模锻的锻模结构有单模腔和多模腔两种。单模腔锻模的结构及锻造工艺过程如图 2-15 所示。上、下模分别用楔键和楔铁紧固在锤头和模座的燕尾槽内，上模与锤头一起做上下往复运动。上下模间的分界面称为分模面，锻模内开有模腔，其形状与锻件相似或完全相同。

单模腔锻前需先经过下料、制坯工序，再经终锻模腔锤击成带飞边的锻件，最后切除飞边，如图 2-15 所示。

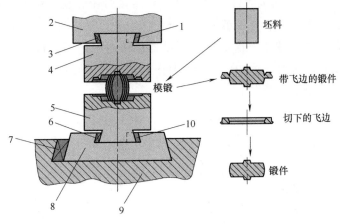

图 2-15　单模膛模锻

1，10—楔键；2—锤头；3，6，7—楔铁；4—上模；5—下模；8—模座；9—砧座

2.1.4　胎模锻

胎膜锻是自由锻与模锻相结合的加工方法，即在自由锻设备上使用可移动的模具生产锻件。

以图 2-16 所示锤头胎模结构为例。胎模锻时，下模置于空气锤的下砧上，但不固定。坯料放在胎模内，合上上模，用锤头锻打上模，待上、下模合拢后，便形成锻件。

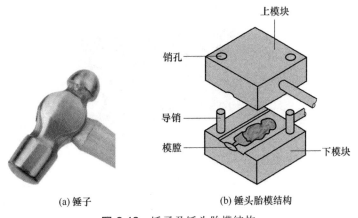

(a) 锤子　　　　　(b) 锤头胎模结构

图 2-16　锤子及锤头胎模结构

2.2　冲压

使板料经分离或成形而得到制件的工艺统称为冲压。

2.2.1　冲压设备

常用的冲压设备有冲床和剪床。冲床是进行冲压加工的基本设备，常用的开式单柱曲轴冲床如图 2-17 所示。电动机通过 V 带减速系统带动带轮转动，踩下踏板后，离合器闭合并带动曲轴旋转，再经过连杆带动滑块沿导轨做上下往复运动，进行冲压加工。若将踏板踩下后立即抬起，滑块冲压一次后便在制动器的作用下停止在最高位置；若踏板不抬起，滑块将连续动作，进行连续冲压。剪床是下料用的基本设备，主要用于切断，为冲压准备毛坯，如图 2-18 所示。

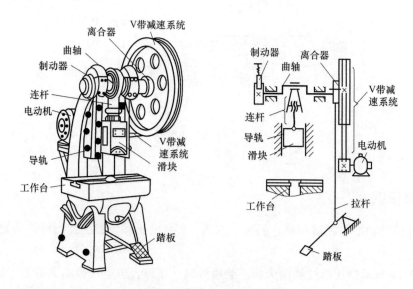

图 2-17　开式单柱曲轴冲床

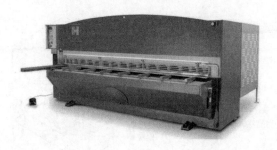

图 2-18　剪床

2.2.2　冲压的基本工序

冲压的基本工序可分为分离工序和成形工序两类。分离工序是使零件与母材沿一定的轮廓相互分离的工序，如冲裁、剪切和整修等。成形工序是在板料不被破坏的情况下产生局部或整体塑性变形的工序，如弯曲、拉深和翻边等。

(1) 冲裁

冲裁是利用冲模将板料以封闭的轮廓与坯料分离的一种冲压方法，分为落料和冲孔。利用冲裁取得一定外形的制件或坯料的冲压方法称为落料，如图 2-19 所示。落料即封闭轮廓以内部分的板料是制件或坯料，封闭轮廓以外部分的板料是余料或废料。

将冲压坯料内的材料以封闭的轮廓分离开来，得到带孔制件的一种冲压方法称为冲孔，如图 2-20 所示。也就是说，冲孔时封闭轮廓以外部分的板料是制件或坯料，封闭轮廓以内部分（被冲落部分）的板料是废料。

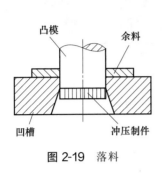

图 2-19 落料

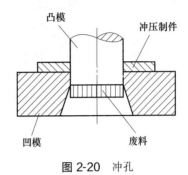

图 2-20 冲孔

(2) 剪切

剪切是按不封闭的轮廓线从板料中分离出零件或毛坯件的工序。生产中主要在剪床上进行，用于毛坯的下料。

(3) 弯曲

弯曲是指将板料或型材利用冲模弯成一定角度的工序，弯曲时金属变形如图 2-21 所示。弯形时，板料内侧受压，外侧受拉。当变形程度过大时，弯形件的外侧易被拉裂。为防止工件被拉裂，凸模和凹模的工作部分应有合理的圆角。弯曲主要用于制造各种弯曲形状的冲压件。

(4) 拉深

拉深又称拉延，是变形区在一拉一压的应力状态作用下，使板料（或浅的空心坯）成形为空心件（深的空心件）而厚度基本不变的加工方法，如图 2-22 所示。

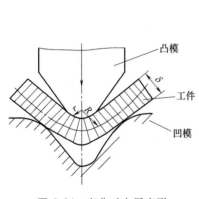

图 2-21 弯曲时金属变形

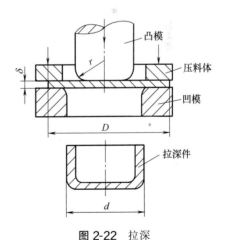

图 2-22 拉深

(5) 翻边

在带孔的平坯料上用扩孔的方法使板料沿一定的曲率翻成直立边缘的冲压成形方法称为翻边，如图 2-23 所示。翻边的变形程度受到限制，对凸缘高度较大的工件，可以采用先拉深后冲孔再翻边的工艺来制作。翻边主要用于制造带有凸缘或具有翻边的冲压件。

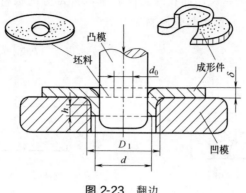

图 2-23 翻边

📝 **课后练习**

（1）什么是锻造？按成形方式不同，锻造分为哪几种？

（2）锻造一般包括哪些生产工艺过程？

（3）根据变形的性质和程度不同，自由锻的工序有哪些？

（4）什么是模锻？什么是胎模锻？

（5）什么是冲压？冲压的基本工序有哪些？

第**3**章

焊接

 学习目标

（1）了解焊接的实质。

（2）了解焊条电弧焊的工作原理及其工艺。

（3）了解氩弧焊和 CO_2 气体保护焊的工作原理。

（4）了解气焊、气割、埋弧焊和钎焊的工作原理。

焊接的实质就是通过加热或加压或两者并用，使用（或不使用）填充材料，使工件连接在一起的方法。焊接最本质的特点是通过焊接使焊件达到结合，从而将原来分开的物体变成永久性连接的整体。按照焊接过程中金属所处的状态不同，可以把焊接方法分为熔焊、压焊和钎焊三类，见表 3-1。

▫ 表 3-1 常用焊接方法

焊接方法	概念	示例
熔焊	在焊接过程中,将焊件接头加热至熔化状态,不施加压力而完成焊接的方法	焊条电弧焊、气焊、埋弧焊、氩弧焊
压焊	在焊接过程中对焊件施加压力(加热或不加热),以完成焊接的方法	电阻焊、锻焊、摩擦焊、冷压焊、爆炸焊等
钎焊	采用比母材熔点低的钎料,将焊件和钎料加热到高于钎料且低于母材熔点的温度,利用液态钎料润湿母材,填充接头间隙并与母材相互扩散实现连接焊件的方法	烙铁钎焊、火焰钎焊

3.1 焊条电弧焊

焊条电弧焊是通过焊条引发电弧，用电弧热来熔化焊件而实现焊接的一种熔焊方法。

3.1.1 焊条电弧焊的原理

焊条电弧焊的焊接回路如图 3-1 所示，由弧焊电源、电缆、焊钳、焊条、焊件和焊接电弧组成。焊接电弧是负载，弧焊电源是为其提供电能的装置，焊接电缆用于连接电源与焊钳和焊件。

焊条电弧焊的焊接原理如图 3-2 所示。焊接时，将焊条与焊件接触短路后立即提起焊条，引燃电弧。电弧的高温将焊条与焊件局部熔化，熔化了的焊芯以熔滴的形式过渡到局部熔化的焊件表面，熔合在一起后形成熔池。

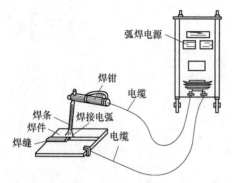

图 3-1　焊条电弧焊焊接回路

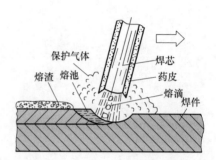

图 3-2　焊条电弧焊的焊接原理

焊条药皮在熔化过程中产生一定量的气体和液态熔渣，起到保护液态金属的作用。同时，药皮熔化产生的气体、熔渣与熔化的焊芯、焊件发生一系列冶金反应，保证了所形成焊缝的性能。随着电弧沿焊接方向不断移动，熔池内的液态金属逐步冷却结晶形成焊缝。

3.1.2　焊接设备和工具

(1) 弧焊电源

弧焊电源是焊条电弧焊的供电装置，即通常所说的电焊机。按输出的电流性质不同，分为直流弧焊电源和交流弧焊电源两大类；按结构和原理不同，分为弧焊变压器、弧焊整流器和逆变弧焊电源三类。弧焊变压器［图 3-3（a）］输出的焊接电流为交流电，弧焊整流器［图 3-3（b）］用整流器将交流电整流成直流电作为焊接电源，逆变弧焊电源是一种高效、节能的直流弧焊电源［图 3-3（c）］。

(a) 弧焊变压器　　　　　　(b) 弧焊整流器　　　　　　(c) 逆变弧焊电源

图 3-3　弧焊电源

（2）焊接常用工具

焊接常用工具有焊钳、电缆、面罩及其他辅助工具。

① 焊钳　焊钳是用于夹持电焊条并把焊接电流传输至焊条进行电弧焊的工具，如图3-4所示，规格有300A和500A两种。

② 焊接电缆线　焊接电缆线用于传输弧焊电源、焊钳及焊条之间焊接电流的导线。

③ 面罩　面罩是防止焊接时的飞溅、弧光及熔池和焊件的高温对焊工面部及颈部灼伤的一种遮蔽工具，有手持式和头盔式两种，如图3-5所示。

(a) 手持式电焊面罩　　(b) 头盔式电焊面罩

图3-4　焊钳　　　　　　　　　　　　　　图3-5　面罩

④ 其他辅助工具　如敲渣锤、錾子、锉刀、钢丝刷、焊条烘干箱、焊条保温筒等。

3.1.3　焊条

涂有药皮供焊条电弧焊用的熔化电极称为焊条。如图3-6所示，焊条是由焊芯和药皮组成。焊条夹持端没有药皮，被焊钳夹住后利于导电。焊条引弧端的药皮被磨成锥形，便于焊接时引弧。

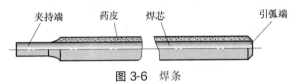

夹持端　　药皮　　焊芯　　　　　　引弧端

图3-6　焊条

（1）焊芯

平常所说的焊条直径实际是指焊芯的直径。焊芯直径、焊芯材料的不同，决定了焊条允许通过的电流密度不同。焊芯的长度也有一定的限制。在焊条上端药皮处印有该焊条的型号或牌号，以便焊工使用时识别。

焊芯的作用是在焊接时传导电流产生电弧并熔化，成为焊缝的填充金属。焊芯金属的各合金元素的含量有一定的限制，以保证在焊后焊缝各方面的性能不低于基本金属。

制造焊芯用的钢丝是由专门的优质钢经过特殊冶炼、轧制、拉拔而成。这种焊接专用钢丝可用于制造焊芯，也可用于埋弧焊、电渣焊、气体保护焊、气焊等焊接方法中作为填充材料的焊丝。

（2）药皮

压涂在焊芯表面上的涂料层称为药皮。涂料层是由各种矿石粉末、铁合金粉、有机物和化工制品等原料，按一定比例配制后压涂在焊芯表面上的。

3.1.4　焊条电弧焊工艺

焊条电弧焊工艺是根据焊接接头形式、焊接材料、板材厚度、焊缝焊接位置等具体情况制订的，包括焊条型号、焊条直径、电源种类和极性、焊接电流、电弧电压、焊接速度、焊接坡口形式和焊接层数等内容。

(1) 焊条直径

焊条直径的选择与工件厚度、焊缝空间位置、焊接层次有关。

① 工件厚度　厚度较大的工件应选用直径较大的焊条，厚度较小则选用直径较小的焊条。通常可参考表 3-2 选择。

⊡ 表 3-2　焊条直径与焊件厚度的关系　　　　　　　　　　　　　　　　　　　　　mm

焊件厚度	<2	2～3	4～6	7～12	≥13
焊条直径	2.5	2.5～3.2	3.2～4	3.2～4	4～5

② 焊缝空间位置　按焊缝的空间位置分类，有平焊缝、立焊缝、横焊缝及仰焊缝四种形式，如图 3-7 所示。平焊操作方便，焊缝成形条件好，容易获得优质焊缝并具有高的生产率，是最合适的位置；其他三种又称为空间位置焊，操作时较平焊困难，受熔池液态金属重力的影响，需要对焊接参数进行控制并采取一定的操作方法才能保证焊缝成形。其中，仰焊位置焊接条件最差，立焊、横焊次之。平焊位置选择的焊条直径可比其他位置大一些，而仰焊、横焊焊条直径应小些，一般不超过 4mm；立焊最大不超过 5mm，否则熔池金属容易下坠，甚至形成焊瘤。

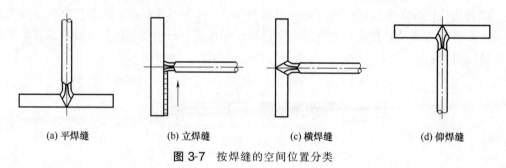

(a) 平焊缝　　　　　(b) 立焊缝　　　　　(c) 横焊缝　　　　　(d) 仰焊缝

图 3-7　按焊缝的空间位置分类

③ 焊接层次　多层焊时，第一层应采用小直径焊条，一般不超过 3.2mm，以保证良好熔合。其他各焊层选用比打底焊大一些的焊条直径。

(2) 焊接电流

电流大小主要取决于焊条直径和焊缝空间位置，其次是工件厚度、接头形式、焊接层次等。

① 焊条直径　焊接较薄的焊件时，选用焊条直径要细一些，焊接电流也相应小；反之，则应选择大的焊条直径，焊接电流也要相应增大。

② 焊接位置　平焊位置时，运条及控制熔池中的熔化金属比较容易，可选择较大的焊接电流。横、立、仰焊位置时，为了避免熔池金属下淌，焊接电流应比平焊位置小10%～20%。角接焊电流比平焊电流稍大些。

③ 焊接层次　通常打底焊接，特别是焊接单面焊双面成形的焊道时，使用的焊接电流要小，这样才便于操作和保证背面焊道的质量；填充焊道可以选择较大的焊接电流，而盖面焊道，为防止咬边，使用的电流可稍小些。

（3）电弧电压

电弧电压主要由弧长决定。弧长是指从熔化的焊条端部到熔池表面的最短距离。电弧长，则电弧电压高；电弧短，则电弧电压低。焊接时应力求使用短弧。

（4）焊接速度

焊接速度是指焊接时焊条向前移动的速度。焊接速度应均匀、适当，既要保证焊透又要保证不烧穿，可根据具体情况灵活掌握。

（5）焊接接头形式和坡口形式

① 接头形式 焊接接头是指用焊接的方法连接的接头，它由焊缝、熔合区、热影响区及其邻近的母材组成（图3-8）。在焊条电弧焊中，常用的焊接接头形式有对接接头、角接接头、T形接头和搭接接头（图3-9）。

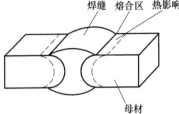

图 3-8 焊接接头的组成

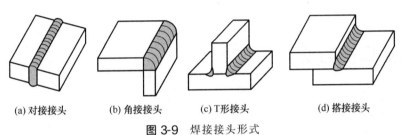

(a) 对接接头　(b) 角接接头　(c) T形接头　(d) 搭接接头

图 3-9 焊接接头形式

② 坡口形式 焊接较厚（厚度大于6mm）的钢板时，需在钢板的焊接部位开坡口。坡口是根据设计或工艺需要，在焊件的待焊部位加工并装配成一定几何形状的沟槽。坡口的作用是确保焊件焊透，从而保证焊缝质量。

常用的对接接头坡口形式有 I 形、V 形、X 形和 U 形等，如图3-10所示。

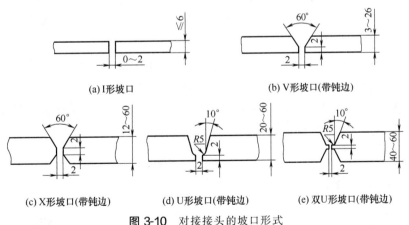

(a) I形坡口　　　　　　　(b) V形坡口(带钝边)

(c) X形坡口(带钝边)　(d) U形坡口(带钝边)　(e) 双U形坡口(带钝边)

图 3-10 对接接头的坡口形式

（6）电源种类和极性

① 电源种类 采用交流电源焊接时，电弧稳定性差；采用直流电源焊接时，电弧稳定性好，飞溅少，但电弧偏吹较严重。低氢钠型药皮焊条稳弧性差，必须采用直流电源。用小电流焊接薄板时，也常用直流电源，其引弧比较容易，电弧比较稳定。

② 电源极性　采用直流电源焊接时，弧焊电源正、负输出端与零件和焊枪的连接方式称为极性。当焊件接电源输出正极，焊枪接电源输出负极时，称为直流正接或正极性，如图 3-11（a）所示；反之，焊件、焊枪分别与电源负、正输出端相连时，则称为直流反接或反极性，如图 3-11（b）所示；交流焊接无电源极性问题，如图 3-11（c）所示。

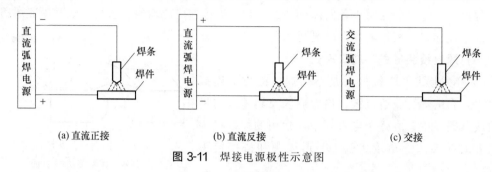

(a) 直流正接　　　　　　　(b) 直流反接　　　　　　　(c) 交接

图 3-11　焊接电源极性示意图

3.2　其他焊接方法

3.2.1　气体保护电弧焊

气体保护电弧焊是利用外加气体作为电弧介质并保护焊接区的电弧焊，简称气体保护焊。根据所用保护气体的不同，气体保护焊常用的有氩弧焊和二氧化碳（CO_2）气体保护焊。

(1) 氩弧焊

氩弧焊是利用氩气作为保护气体的气体保护焊。氩气是一种惰性气体，不与金属发生化学反应，也不溶于液态金属，焊接时能在焊接区形成一个气罩，有效地保护熔合区的金属不吸气和被氧化。

氩弧焊根据电极的不同，可分为熔化极氩弧焊和不熔化极氩弧焊两种。熔化极氩弧焊的电极是焊丝，像焊条那样，在焊接过程中焊丝本身作为填充金属被不断熔化掉；不熔化极氩弧焊的电极一般由钨丝制作（钨极），焊接过程中钨丝只作为电极而不被熔化，填充熔池的金属由专用的焊丝形成，如图 3-12 所示。

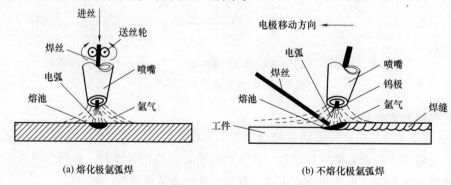

(a) 熔化极氩弧焊　　　　　　　　　　(b) 不熔化极氩弧焊

图 3-12　氩弧焊示意图

氩弧焊应用范围很广，对所有钢材、非铁金属及其合金基本上都适用，通常用于焊接低合金钢、耐热钢、不锈钢、铝合金、镁合金、钛合金等。

（2）二氧化碳气体保护焊

二氧化碳气体保护焊是用 CO_2 作为保护气体，依靠焊丝与焊件之间产生的电弧热来熔化金属的气体保护焊方法。

二氧化碳气体保护焊的原理如图 3-13 所示。焊接电源的两输出端分别接在焊枪与焊件上。盘状焊丝由送丝机带动，经软管与导电嘴不断向电弧区域送给，同时 CO_2 气体以一定的压力和流量送入焊枪，通过喷嘴后，形成一股保护气流，使熔池和电弧与空气隔绝。随着焊枪的移动，熔池金属冷却凝固形成焊缝，从而将焊件连接成一体。

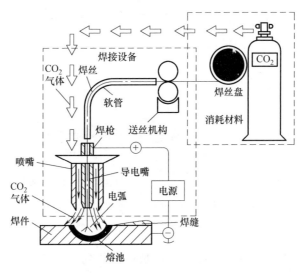

图 3-13　二氧化碳气体保护焊原理示意图

二氧化碳气体保护焊主要用来焊接低碳钢及低合金钢，适用于各种厚度，广泛用于车辆、化工机械、农业机械、矿山机械等制造领域。

3.2.2　气焊与气割

（1）气焊

气焊是利用可燃气体与助燃气体混合燃烧所放出的热量作为热源来加热工件的接头区域及焊丝并使其熔化，利用燃烧时放出的气体保护焊接区的高温金属，使其冷却凝固后形成焊接接头的一种熔化焊焊接方法，其原理如图 3-14 所示。

气焊设备及工具主要包括氧气瓶、乙炔瓶、减压器、焊炬等，辅助工具包括氧气胶管、乙炔胶管、护目镜、点火枪及钢丝刷等。工作时，气焊设备及工具的连接如图 3-15 所示。

焊炬是气焊时用以控制气体流量、混

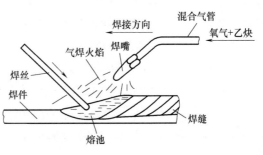

图 3-14　气焊原理示意图

合比及火焰并进行焊接的工具。如图 3-16 所示为低压焊炬。可燃气体靠喷射氧流的射吸作用与氧气混合，故又称为射吸式焊炬。低压焊炬又分为换嘴式和换管式两种。

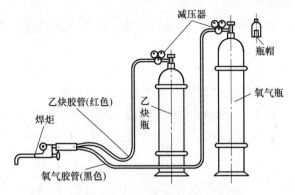

图 3-15　气焊设备及工具的连接

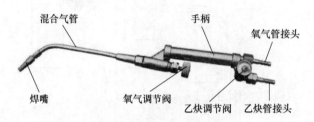

图 3-16　低压焊炬的构造

（2）气割

气割是利用气体火焰的热能，将工件切割处预热到一定温度后，喷出高速切割氧流，使其燃烧并放出热量，从而实现切割的一种加工方法，如图 3-17 所示。

气割过程包括下列三个阶段：

第一阶段，气割开始时，用预热火焰将起割处的金属预热到燃烧温度（燃点）。

第二阶段，向被加热到燃点的金属喷射切割氧，使金属剧烈燃烧。

第三阶段，金属燃烧氧化后生成熔渣并产生反应热，熔渣被切割氧吹除，所产生的热量和预热火焰热量将下层金属加热到燃点，将金属逐渐地割穿，随着割炬的移动，即可将金属切割成所需的形状和尺寸。

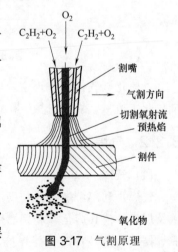

图 3-17　气割原理

不难看出，金属的气割过程实质是金属在纯氧中的燃烧过程，而不是熔化过程。

气割所用的设备及工具与气焊基本相同，只是将焊炬换成割炬。割炬是手工气割的主要工具。割炬的作用是将可燃气体与氧气以一定的比例混合后，形成具有一定热量和形状的预热火焰，并在预热火焰的中心喷射切割氧气进行气割。如图 3-18 所示为射吸式割炬。

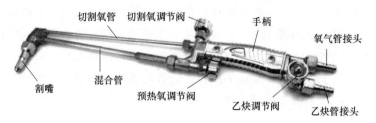

图 3-18 射吸式割炬的构造

3.2.3 埋弧焊

埋弧焊是利用焊丝和焊件之间燃烧的电弧所产生的热量来熔化焊丝、焊剂和焊件而形成焊缝的电弧焊方法。埋弧焊分自动和半自动两种,最常用的是埋弧自动焊,其设备如图3-19 所示。

与焊条电弧焊相比,埋弧焊具有以下三个显著的特征:采用连续焊丝;使用颗粒焊剂;焊接过程自动化。

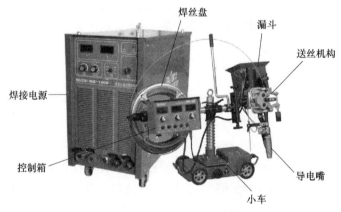

图 3-19 埋弧自动焊设备

埋弧焊的工作原理如图 3-20 所示,焊接时电源输出端分别接在导电嘴和焊件上,先

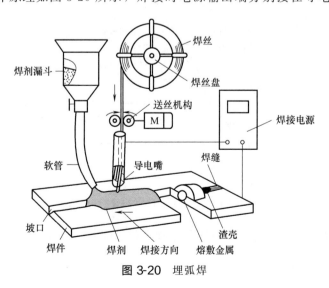

图 3-20 埋弧焊

将焊丝由送丝机构送进，经导电嘴与焊件轻微接触，焊剂由漏斗口经软管流出后，均匀地堆敷在待焊处。引弧后电弧将焊丝和焊件熔化形成熔池，同时将电弧区周围的焊剂熔化并部分蒸发，形成一个封闭的电弧燃烧空间。密度较小的熔渣浮在熔池表面，将液态金属与空气隔绝开来，有利于焊接冶金反应的进行。随着电弧向前移动，熔池液态金属随之冷却凝固而形成焊缝，浮在表面上的液态熔渣也随之冷却而形成渣壳。图 3-21 所示为埋弧焊焊缝断面示意图。

埋弧焊的不足是只适用于水平位置焊接（允许倾斜坡度不超过 20°）和长而直或大圆弧的连续焊缝，而且对生产批量有一定要求（大批量生产），因而应用受到一定的限制。

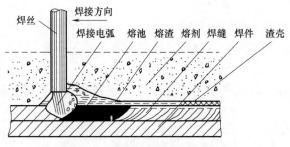

图 3-21　埋弧焊焊缝断面示意图

3.2.4　钎焊

采用比母材熔点低的金属材料做钎料，将焊件和钎料加热到高于钎料熔点、低于母材熔点的温度，利用液态钎料润湿母材，填充接头间隙并与母材相互扩散实现连接焊件的方法称为钎焊。

钎焊分为硬钎焊和软钎焊两种。使用硬钎料进行的钎焊称为硬钎焊。硬钎焊适用于受力较大或工作温度较高的焊件。使用软钎料进行的钎焊称为软钎焊。软钎焊适用于受力不大或工作温度较低、要求不高的焊件。

此外，按加热方式不同，钎焊又分为烙铁钎焊、火焰钎焊（图 3-22）和浸渍钎焊等。

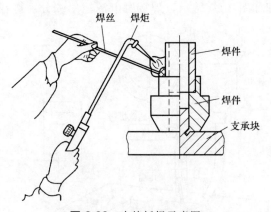

图 3-22　火焰钎焊示意图

钎焊适用于精密零件、复杂结构件及异种金属、难熔金属甚至金属与非金属材料的连接。

课后练习

（1）什么是焊接？按照焊接过程中金属所处的状态不同，可以把焊接方法分为哪几类？

（2）简述焊条电弧焊的焊接原理。

（3）焊条电弧焊工艺包括哪些内容？

（4）什么是气焊？什么是气割？

（5）简述埋弧焊的工作原理。

第**4**章

切削加工基础

学习目标

（1）掌握切削运动的种类及作用。

（2）掌握切削用量三要素及其选用。

（3）了解切削刀具的类型、组成及其材料。

（4）了解切削过程中的切削力及切削温度。

（5）了解切削液的作用及其种类。

（6）了解加工精度与加工表面质量概念。

切削加工的实质是利用切削工具（或设备）从工件上切除多余材料，以获得几何形状、尺寸精度和表面质量都符合要求的零件或半成品的加工方法。

4.1 切削运动与切削用量

4.1.1 切削运动

切削过程中工件和刀具间的相对运动称为切削运动，它是形成工件表面的基本运动。根据切削时工件与刀具相对运动所起的作用不同，切削运动可划分为主运动、进给运动、辅助运动。

（1）主运动

主运动是指由机床或人力提供的主要运动，它促使刀具和工件之间产生相对运动，从而使刀具前面接近工件。主运动是切除工件表面多余材料所需的最基本运动，在切削运动中形成机床切削速度，消耗主要动力。主运动可以是旋转运动，也可以是直线运动。如图4-1所示，车削、铣削、钻削、磨削的主运动均为旋转运动，刨削的主运动为直线运动。

（2）进给运动

进给运动是指由机床或人力提供的运动，它使刀具与工件之间产生附加的相对运动，进给运动是使工件切削层材料相继投入切削从而加工出完整表面所需的运动。进给运动加上主运动，即可不断地或连续地切除切屑，得出具有所需几何特性的已加工表面。图4-1（a）所示的车刀轴向移动即为进给运动。进给运动的速度一般都小于主运动，而且消耗的功率也较少。进给运动分为直线进给、圆周进给及曲线进给。直线进给运动又有纵向、横向、斜向三种。

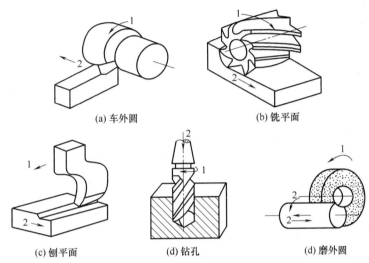

(a) 车外圆　　　　　　　　(b) 铣平面

(c) 刨平面　　　　(d) 钻孔　　　　(d) 磨外圆

图 4-1 常见切削加工方法的切削运动

1—主运动；2—进给运动

任何切削过程中必须有且只有一个主运动，进给运动则可能有一个或多个。主运动和进给运动可以由工件、刀具分别来完成，也可以由刀具单独完成。

（3）辅助运动

机床在切削加工过程中还需要一系列辅助运动，其功能是实现机床的各种辅助动作，为表面成形运动创造条件。它的种类很多，如进给运动前后的快进和快退，调整刀具和工件之间相对位置的调位运动、切入运动、分度运动、工件夹紧和松开等操纵控制运动。

4.1.2　工件表面

金属切削过程是待切除金属层不断被刀具切除而变为切屑的过程。在主运动和进给运动的作用下，多余金属不断被切除，新的表面不断形成。因此，切削过程中，在被加工的工件上有三个不断变化着的表面，分别是待加工表面、已加工表面和过渡表面（也称加工表面），如图4-2所示为外圆车削过程中的三个表面。

工件上有待切除的表面称为待加工表面；工件上经刀具切削后形成的表面称为已加工表面；过渡表面是工件上由切削刃形成的那部分表面，它在下一切削行程、刀具或工件的下一转里被切除，或者由下一切削刃切除。

4.1.3　切削用量及其选用原则

（1）切削用量

切削用量包括切削速度、进给量和背吃刀量，要完成切削加工三者缺一不可，故切削用量又称为切削三要素。图 4-3 所示为车外圆时的切削用量示意图。

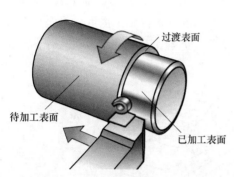

图 4-2　外圆车削过程中的三个表面

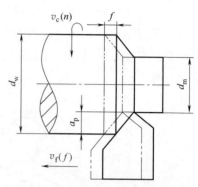

图 4-3　车外圆时的切削用量示意图

① 切削速度 v_c　切削速度是指切削刃上选定点相对于工件主运动的瞬时速度，单位为 m/min 或 m/s。当主运动是旋转运动时，切削速度是指圆周运动的最大线速度，即

$$v_c = \frac{\pi d_w n}{1000}$$

式中　v_c——切削速度，m/min；

　　　d_w——工件待加工表面直径，mm；

　　　n——工件转速，r/min。

当主运动为往复直线运动时，则其平均切削速度为

$$v_c = \frac{2 L_m n_r}{1000}$$

式中　L_m——刀具或工件往复运动的行程长度，mm；

　　　n_r——主运动每分钟的往复次数。

② 进给量 f　进给量是指刀具在进给运动方向上相对工件的位移量，可用刀具或工件每转或每行程的位移量来表述和度量。车削外圆时的进给量为工件每转一周刀具沿进给运动方向所移动的距离，单位为 mm/r；刨削时的进给量为刀具（或工件）每往复一次，工件（或刀具）沿进给运动方向所移动的距离，单位为 mm/str（mm/往复行程）；对于多齿刀具（如铣刀）还有每齿进给量，即多齿刀具每转或每行程中每齿相对工件在进给运动方向上的位移量，单位为 mm/齿。

③ 背吃刀量 a_p　刀具切入工件时，工件上已加工表面与待加工表面之间的垂直距离称为背吃刀量，单位为 mm。

（2）切削用量的选择原则

所谓合理的切削用量是指充分利用刀具的切削能力和机床性能，在保证加工质量的前提下，获得高的生产效率和低的加工成本的切削用量。切削用量可以参照表 4-1 进行选择。

加工性质	加工目的	选择步骤	选择原则	选择原因
粗加工	尽快地去除工件的加工余量	选择背吃刀量 ⇩ 选择进给量 ⇩ 选择切削速度	在保证机床动力和工艺系统刚度的前提下,尽可能选择较大的背吃刀量	背吃刀量对刀具使用寿命的影响最小,同时,选择较大的背吃刀量也可以提高加工效率
			在保证工艺装配和技术条件允许的前提下,选择较大的进给量	进给量对刀具使用寿命的影响比背吃刀量要大,但比切削速度对刀具使用寿命的影响要小
			根据刀具寿命选用合适的切削速度	切削速度对刀具使用寿命的影响最大,切削速度越快,刀具越容易磨损
精加工	保证工件最终的尺寸精度和表面质量	选择背吃刀量 ⇩ 选择进给量 ⇩ 选择切削速度	根据工件的尺寸精度选择合适的背吃刀量,通常背吃刀量为 0.5~1m	背吃刀量对尺寸精度的影响较大。背吃刀量大,尺寸精度难以保证;反之,尺寸精度容易保证
			根据工件的表面粗糙度要求选择合适的进给量	进给量的大小直接影响工件的表面粗糙度。通常,进给量越小,表面粗糙度值越小,得到的表面越光洁
			根据切削刀具的刀具寿命选取合适的切削速度	切削速度对刀具使用寿命的影响最大,切削速度越快,刀具越容易磨损

4.2 切削刀具

4.2.1 切削刀具分类

金属切削刀具具有多种形式和结构,按机床加工方式和加工对象不同,可分为车刀、铣刀、刨刀、砂轮、钻头、铰刀、丝锥及板牙等;按加工表面不同,可分为外圆表面加工刀具、内孔表面加工刀具、平面加工刀具、螺纹刀具、成形刀具、齿轮刀具等;按刀具的切削刃数目不同,可分为单刃刀具、双刃刀具、多刃刀具;按结构形式不同,可分为整体式刀具、焊接式刀具、机械夹固式刀具;按刀片使用后是否重磨,可分为机夹重磨式和机夹可转位式(不重磨)两种;按刀具切削部分的材料不同,可分为工具钢刀具、高速钢刀具、硬质合金刀具等。

4.2.2 切削刀具组成

(1) 刀具的结构

刀具一般由切削部分、导向部分、夹持部分(刀体)等组成。

① 切削部分 刀具的切削部分是刀具最重要的部分。它直接承担切除工件上多余金属层的任务,并且直接影响工件的加工质量和生产效率。外圆车刀的结构如图 4-4 所示。从图 4-4 可以看出,车刀的切削部分由"三面两刃一尖"(即前面 A_γ、主后面 A_α、副后

面 A'_α、主切削刃 S、副切削刃 S'、刀尖）组成。

a. 前面（A_γ）。前面是指切屑流出时所流经的面。它可为平面，也可为曲面，以使切屑顺利流出。

b. 主后面（A_α）。主后面是指与工件上过渡表面相对的刀面。它倾斜一定角度以减小与工件的摩擦。

c. 副后面（A'_α）。副后面是指与工件上已加工表面相对的刀面。它倾斜一定角度以免擦伤已加工表面。

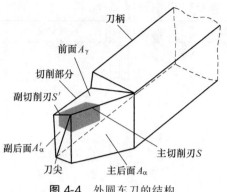

图 4-4　外圆车刀的结构

d. 主切削刃（S）。主切削刃是指前面与主后面相交的部位，担负主要切削工作。

e. 副切削刃（S'）。副切削刃是指前面与副后面相交的部位，它协同主切削刃完成金属的切除工作，以最终形成工件的已加工表面。

f. 刀尖。刀尖是主、副切削刃连接处的那一小部分切削刃。它并非绝对尖锐，一般都呈圆弧状，以保证刀尖有足够的强度和耐磨性。

② 导向部分　在刀具中，有的具有导向部分（如麻花钻、铰刀、立铣刀等），这些刀具一般用于内孔、沟槽和内螺纹加工。

③ 夹持部分（刀体）　夹持部分用于把刀具装夹在刀架或套筒内，以便将机床的动力传递给刀具，完成切削工作。根据刀具的结构不同，有以下两种装夹形式。

a. 实体夹持。刀具的夹持部分做成实体，使用时直接将刀具装在刀架或锥套内，如车刀、刨刀、钻头、立铣刀等。

b. 刀轴装夹夹持。刀具的夹持部分做成圆柱孔，孔内加工有键槽，切削时将刀具装在刀轴上，通过刀轴带动刀具进行切削加工。这类刀具有圆柱铣刀、三面刃铣刀等。

(2) 刀具角度

为使切削运动顺利进行，刀具切削部分必须具有适宜的几何形状，即组成刀具切削部分的各表面之间都应有正确的相对位置，这些位置是靠刀具角度来保证的。

① 参考系　参考系是用于定义和规定刀具角度的各基准坐标平面。用于定义刀具设计、制造、刃磨和测量时的几何参数的参考系称为刀具静止参考系，规定刀具进行切削加工时的几何参数的参考系称为刀具工作参考系。

刀具静止参考系的主要基准坐标平面有基面 P_r、主切削平面 P_s、正交平面 P_o、假定工作平面 P_f、副切削平面 P'_s。

a. 基面（P_r）。基面是指通过切削刃上某一选定点，垂直于该点主运动方向的平面。

b. 主切削平面（P_s）。主切削平面是指通过主切削刃某一选定点，与主切削刃相切并垂直于基面的平面，如图 4-5 所示。

c. 正交平面（P_o）。正交平面是指通过切削刃某一选定点，并同时垂直于基面和切削平面的平面，如图 4-6 所示。车刀的基面、切削平面、正交平面在空间互相垂直，如图 4-7 所示。

d. 假定工作平面（P_f）。假定工作平面是指通过切削刃上某一选定点，垂直于基面且

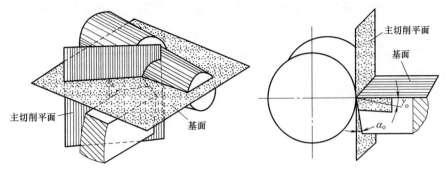

图 4-5 基面与主切削平面的空间位置

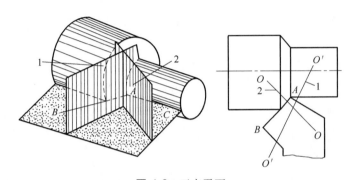

图 4-6 正交平面

1—副切削刃正交平面；2—主切削刃正交平面

平行于假定的进给运动方向的平面。

e. 副切削平面（P'_s）。副切削平面是指通过副切削刃某一选定点，与副切削刃相切并垂直于基面的平面。

② 刀具切削部分的主要角度 车刀的切削部分共有五个独立的基本角度，如图 4-8 所示。

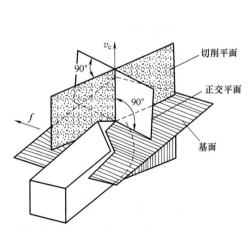

图 4-7 基面、切削平面、正交平面在空间关系

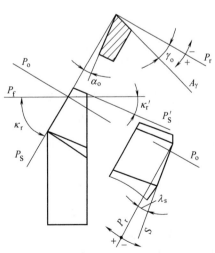

图 4-8 刀具切削部分的主要角度

a. 前角（γ_o）。前角是指前面与基面的夹角，在正交平面中测量。前角表示刀具前面

的倾斜程度，它可以是正值、负值或零。前角根据工件材料、刀具切削部分材料及加工要求选择。

b. 后角（α_o）。后角是指后面与切削平面的夹角，在正交平面中测量。后角表示刀具后面倾斜的程度。

c. 主偏角（κ_r）。主偏角是指主切削平面与假定工作平面间的夹角，在基面中测量。

d. 副偏角（κ_r'）。副偏角是指副切削平面与假定工作平面间的夹角，在基面中测量。

e. 刃倾角（λ_s）。刃倾角是指主切削刃与基面间的夹角，在主切削平面中测量。

4.2.3 切削刀具材料及其选用

常用的刀具材料有碳素工具钢、合金工具钢、高速钢、硬质合金、陶瓷、金刚石、立方氮化硼等。

① 碳素工具钢 碳素工具钢淬火后有较高的硬度（59～64HRC），容易磨得锋利，价格低，但它的红硬性差，在 200～250℃时硬度就明显下降，所以它允许的切削速度较低（$v_c < 10\text{m/min}$）。碳素工具钢主要用于手工用刀具及低速简单刀具，如手工用铰刀、丝锥、板牙等。因其淬透性较差，热处理时变形大，不宜用来制造形状复杂的刀具。碳素工具钢常用牌号有 T10A、T12A 等。

x② 合金工具钢 合金工具钢比碳素工具钢有更高的红硬性和韧性，其红硬性温度为300～350℃，故允许的切削速度比碳素工具钢高 10%～14%。合金工具钢淬透性较好，因此热处理变形小，多用来制造形状比较复杂、要求淬火后变形小、切削速度低的机用刀具，如铰刀、拉刀等。常用牌号有 9SiCr、CrWMn 等。

③ 高速钢 高速钢是一种含有 W（钨）、Mo（钼）、Cr（铬）、V（钒）等合金元素较多的合金工具钢。它是综合性能比较好的一种刀具材料，可以承受较大的切削力和冲击力。高速钢具有热处理变形小、能锻造、易磨出较锋利的刃口等优点，特别适于制造各种小型及形状复杂的刀具，如成形车刀、各种钻头等。但高速钢的耐热性较差，不能用于高速切削。

④ 硬质合金 硬质合金是用高硬度、难熔的金属化合物（WC、TiC、TaC、NbC等）微米数量级的粉末与 Co、Mo、Ni 等金属黏接剂烧结而成的粉末冶金制品。常用的黏结剂是 Co，碳化钛基硬质合金的黏接剂则是 Mo、Ni。硬质合金高温碳化物的含量超过高速钢，具有硬度高、熔点高、化学稳定性好和热稳定性好等特点，切削效率是高速钢刀具的 5～10 倍。但硬质合金韧性差、脆性大，承受冲击和振动的能力低。硬质合金现在仍是主要的刀具材料。

切削用硬质合金按其切屑排出形式和加工对象的范围可分为三个主要类别，分别以字母 K、P、M 表示，见表 4-2。

⑤ 陶瓷 陶瓷是在 Al_2O_3 的基础上添加一些微量添加剂（如 TiC、Ni、Mo 等），经冷压烧结而成，是一种价廉的非金属刀具材料。陶瓷有很高的高温硬度，在 1200℃时硬度为 80HRA，并且具有优良的耐磨性和抗黏结能力，化学稳定性好，但它的抗弯强度低，因此，一般用于高硬度材料的精加工。

类别	成分	用途	常用代号	相当于旧代号	性能		适用加工阶段
					耐磨性	韧性	
K类（钨钴类）	WC+Co	主要用于加工铸铁、有色金属等脆性材料或冲击性较大的场合。但在切削难加工材料或振动较大（如断续切削塑性金属）的特殊情况时也比较适合	K01	YG3	↑	↓	精加工
			K10	YG6			半精加工
			K20	YG8			粗加工
P类（钨钛钴类）	WC+Co+TiC	此类硬质合金硬度、耐磨性、耐热性都明显提高。但其韧性、抗冲击振动性能差,适用于加工钢或其他韧性较大的塑性金属,不适宜于加工脆性金属	P01	YT30	↑	↓	精加工
			P10	YT15			半精加工
			P30	YT5			粗加工
M类［钨钛钽（铌）钴类］	WC+Co+TiC+TaC(NbC)	既可以加工铸铁、有色金属,又可以加工碳素钢、合金钢,故又称通用合金。主要用于加工高温合金、高锰钢、不锈钢以及可锻铸铁、球墨铸铁、合金铸铁等难加工材料	M10	YW1	↑	↓	精加工、半精加工
			M20	YW2			粗加工、半精加工

⑥ 人造金刚石　人造金刚石的主要成分是碳,是石墨的同素异形体,由碳经高温、高压转变而成。人造金刚石的硬度极高,其维氏硬度达10000HV,比硬质合金高几倍,耐磨性极好。但它的耐热温度低,在700～800℃时易脱碳,失去切削能力。同时,它与铁族金属亲和性作用大,切削时可能因黏附作用而损坏刀具。故人造金刚石主要用于硬质合金、陶瓷、高硅铝合金等高硬度、耐磨材料的加工和有色金属及其合金的加工。

⑦ 立方氮化硼　立方氮化硼是由氮化硼经高温、高压转变而成。它的硬度仅次于人造金刚石,耐热温度高达1400℃,耐磨性能也较好,一般用于高硬度材料、难加工材料的精加工。

4.3　切削力与切削温度

4.3.1　切削力

(1) 总切削力

切削过程中,材料从产生变形到变成切屑所产生的抗力和切屑与前面之间及副后面与已加工表面之间发生的摩擦,共同作用于刀具上的合力称为切削力,如图4-9所示,图中 $F_{f\gamma}$ 为切屑与刀具前面的摩擦力, $F_{f\alpha}$ 为切屑与刀具后面的摩擦力。

刀具的一个切削部分在切削工件时所产生的全部切削力称为一个切削部分总切削力。单刃刀

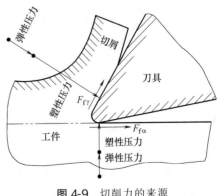

图4-9　切削力的来源

具（如车刀、刨刀等）只有一个切削部分参与切削，这个切削部分总切削力就是刀具总切削力。多刃刀具（如铣刀、铰刀、麻花钻等）有几个切削部分同时进行切削，所有参与切削的各切削部分所产生的总切削力的合力称为刀具总切削力。

为便于理解，下面只讨论仅有一个切削部分的总切削力，并简称为总切削力 F。

（2）总切削力的分力

总切削力是一个空间矢量，在切削过程中它的方向和大小不容易、也无必要直接测试。为便于研究和分析它对加工的影响，通常将总切削力分解成三个相互垂直的切削分力。图 4-10 所示为车外圆时总切削力的分解。

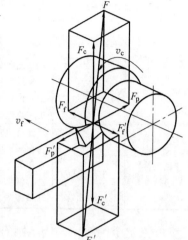

① 切削力 F_c 切削力 F_c 是总切削力 F 在主运动方向上的正投影。与切削速度 v_c 方向一致。它消耗功率最大，约占总消耗功率的 95%。

② 背向力 F_p 背向力 F_p 是总切削力 F 在垂直于工作平面方向上的分力。车外圆时，刀具与工件在这个分力方向上无相对运动，所以 F_p 不做功。

③ 进给力 F_f 进给力 F_f 是总切削力 F 在进给运动方向上的正投影。它与进给速度 v_f 方向一致。由于进给

图 4-10 车外圆时总切削力的分解

力和进给速度远小于切削力和切削速度，所以它消耗的功率非常小（<5%）。总切削力 F 与三个分力的大小关系为：

$$F = \sqrt{F_c^2 + F_p^2 + F_f^2}$$

（3）总切削抗力

切削加工时，工件材料抵抗刀具切削所产生的阻力称为总切削抗力 F'。

工件抵抗切削的总切削抗力 F' 与切削时刀具对工件的总切削力 F 是一对作用力与反作用力，它们大小相等、方向相反，分别作用在刀具工件上。

总切削抗力 F' 的三个分力切削抗力 F_c'、背向抗力 F_p'、进给抗力 F_f' 分别与 F_c、F_p、F_f 大小相等，方向相反。

（4）影响总切削抗力大小的因素

① 工件材料 工件材料的强度、硬度越高，韧性和塑性越好，越难切削，总切削抗力越大。

② 切削用量 背吃刀量 a_p 和进给量 f 增大时，切削横截面积也增大，切屑粗壮，切下金属增多，总切削抗力增大。

③ 刀具角度

a. 前角增大，能使被切层材料所受挤压变形和摩擦减小，排屑顺畅，总切削抗力减小。

b. 后角增大，刀具后面与工件过渡表面和已加工表面的挤压变形和摩擦减小，总切削抗力减小。

c. 主偏角对切削抗力 F_c' 影响较小，但对背向抗力 F_p' 和进给抗力 F_f' 的比值影响明显。如图 4-11 所示，F_D' 为工件对刀具的反推力，由于 $F_p'=F_D'\cos\kappa_r$，$F_f'=F_D'\sin\kappa_r$，增大主偏角 κ_r，会使进给抗力 F_f' 增大，背向抗力 F_p' 减小。当车削细长工件时，增大主偏角 κ_r，可减小或防止工件弯曲变形。

④ 切削液 合理选择使用切削液，可以减小工件材料的变形抗力和摩擦阻力，使总切削抗力减小。在后面将具体介绍切削液的有关知识，这里不再赘述。

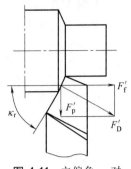

图 4-11 主偏角 κ_r 对 F_f'/F_p' 的影响

4.3.2 切削温度

(1) 切削热与切削温度

切削过程中，由于被切削材料层的变形、分离及刀具和被切削材料间摩擦而产生的热量称为切削热。切削热主要来源于切屑变形、切屑与前面的摩擦、工件与刀具后面的摩擦三个方面，如图 4-12 所示。

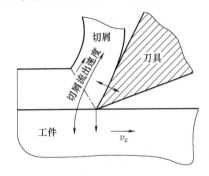

图 4-12 切削热的来源

切削过程中，切削区域的温度称为切削温度。

切削过程中产生的切削热大部分由切屑带走。例如，在车削外圆时，由切屑带走的热量占总切削热的 70%～80%，传入刀具的热量占 15%～20%，传入工件的热量占 5%～10%。

虽然传入刀具的切削热只占很小的一部分，但由于刀具切削部分（尤其是刀尖部位）体积很小，温度容易升高，在高速切削时仍可达 1000℃ 以上，致使刀具切削性能降低，磨损加快，进而影响加工质量，缩短刀具寿命。传入工件的切削热，会导致工件受热伸长和膨胀，从而影响加工精度。对于细长轴、薄壁套和精密工件的加工，切削热引起的热变形影响尤为严重。

(2) 减少切削热和降低切削温度的工艺措施

① 合理选择刀具材料和刀具几何角度。

② 合理选择切削用量。

③ 适当选择和使用切削液。

4.4 切削液

4.4.1 切削液的作用

切削液是为提高切削加工效果而使用的液体。切削液的主要作用为冷却和润滑，加入特殊添加剂后，还可以起到清洗和防锈的作用，以保护机床、刀具、工件等不被周围介质腐蚀。

(1) 冷却作用

切削液的冷却作用是使切屑、刀具和工件上的热量散逸，使切削区的切削温度降低，起到减少工件因热膨胀而引起的变形和保证刀具切削刃强度、延长刀具寿命、提高加工精度的作用，为提高劳动生产效率创造了有利条件。

切削液的冷却性能取决于它的热导率、比热容、汽化热、流量、流速等，但主要取决于热导率。水的热导率为油的 3~5 倍，比热容约比油的大一倍，故冷却性能比油好得多。乳化液的冷却性能介于油和水之间，更接近水。

(2) 润滑作用

切削液的润滑作用是指切削液渗透到刀具与切屑、工件表面之间形成润滑膜面，减小摩擦，减缓刀具的磨损，降低切削力，提高已加工表面的质量，同时还可减小切削功率，提高刀具寿命。

(3) 清洗作用

浇注切削液能冲走碎屑或粉末，防止它们黏结在工件、刀具、模具上，起到了降低工件的表面粗糙度值、减少刀具磨损及保护机床的作用。清洗作用的效果好坏与切削液的渗透性、流动性和压力有关。一般而言，合成切削液比乳化液和切削油的清洗作用好。乳化液浓度越低，清洗作用越好。

(4) 防锈作用

切削液能够减轻工件、机床、刀具受周围介质（空气、水分等）的腐蚀作用。在气候潮湿的地区，切削液的防锈作用显得尤为重要。切削液防锈作用的效果好坏，取决于切削液本身的性能和加入的防锈添加剂。

总之，切削液的润滑、冷却、清洗、防锈作用并不是孤立的，它们有统一的一面，又有对立的一面。油基切削液的润滑、防锈作用较好，但冷却、清洗作用较差；水溶性切削液的冷却、清洗作用较好，但润滑、防锈作用较差。

4.4.2　切削液的种类

(1) 水溶液

水溶液的主要成分是水及防锈剂、防霉剂等。为提高清洗能力，可加入清洗剂；为具有一定的润滑性，还可加入油性添加剂。如加入聚乙二醇和油酸时，水溶液既有良好的冷却性，又有一定的润滑性，并且溶液透明，加工中便于观察。

(2) 乳化液

乳化液是水和乳化油经搅拌后形成的乳白色液体。乳化油是一种油膏，它由矿物油和表面活性乳化剂（石油磺酸钠、磺化蓖麻油等）配制而成，表面活性剂的分子上带极性一端与水亲和，不带极性一端与油亲和，使水油均匀混合，并添加乳化稳定剂（乙醇、乙二醇等）使乳化液中油、水不会分离，具有良好的冷却性能。

(3) 合成切削液

合成切削液是国内外推广使用的高性能切削液。它是由水、各种表面活性剂和化学添加剂组成，具有良好的冷却、润滑、清洗和防锈性能，热稳定性好，使用周期长。

（4）切削油

切削油主要起润滑作用。常用的有 10 号机械油、20 号机械油、轻柴油、煤油、豆油、菜籽油、蓖麻油等矿物油或动植物油。其中动植物油容易变质，一般较少使用。

（5）极压切削油

极压切削油是在矿物油中添加氯、硫、磷等极压添加剂配制而成。它在高温下不破坏润滑膜，并具有良好的润滑效果，故被广泛使用。

（6）固体润滑剂

目前所用的固体润滑剂主要以二硫化钼（MoS_2）为主。二硫化钼形成的润滑膜具有极低的摩擦因数（0.05～0.09）、高的熔点（1185℃），因此，高温不易改变它的润滑性能，具有很高的抗压性能和牢固的附着能力，有较高的化学稳定性和温度稳定性。种类有油剂、水剂和润滑脂三种。应用时，将二硫化钼与硬脂酸及石蜡做成蜡笔，涂抹在刀具表面上，也可混合在水中或油中，涂抹在刀具表面。

4.4.3 切削液的选用

切削液的种类繁多，性能各异，在加工过程中应根据加工性质、工艺特点、工件和刀具材料等具体条件合理选用。

（1）根据加工性质选用

① 粗加工时，由于加工余量和切削用量均较大，因此在切削过程中产生大量的切削热，易使刀具迅速磨损，这时应降低切削区域温度，所以应选择以冷却作用为主的乳化液或合成切削液。用高速钢刀具粗车或粗铣碳素钢时，应选用 3%～5% 的乳化液，也可以选用合成切削液。用高速钢刀具粗车或粗铣合金钢、铜及其合金工件时，应选用 5%～7% 的乳化液。粗车或粗铣铸铁时，一般不用切削液。

② 精加工时，为了减少切屑、工件与刀具间的摩擦，保证工件的加工精度和表面质量，应选用润滑性能较好的极压切削油或高浓度极压乳化液。用高速钢刀具精车或精铣碳钢时，应选用 10%～15% 的乳化液，或 10%～20% 的极压乳化液。用硬质合金刀具精加工碳钢工件时，可以不用切削液，也可用 10%～25% 的乳化液，或 10%～20% 的极压乳化液。精加工铜及其合金、铝及其合金工件时，为得到较高的表面质量和较高的精度，可选用 10%～20% 的乳化液或煤油。

③ 半封闭式加工时，如钻孔、铰孔和深孔加工，排屑、散热条件均非常差。不仅使刀具磨损严重，容易退火，而且切屑容易拉毛工件已加工表面。为此，须选用黏度较小的极压乳化液或极压切削油，并加大切削液的压力和流量，这样可以在冷却、润滑的同时将部分切屑冲刷出来。

（2）根据工件材料选用

一般钢件，粗加工时选乳化液，精加工时选硫化乳化液。加工铸铁、铸铝等脆性金属时，为避免细小切屑堵塞冷却系统或黏附在机床上难以清除，一般不用切削液。但在精加工时，为提高工件表面加工质量，可选用润滑性好、黏度小的煤油或 7%～10% 的乳化液。加工有色金属或铜合金时，不宜采用含硫的切削液，以免腐蚀工件。加工镁合金时，不能用切削液，以免燃烧起火。必要时，可用压缩空气冷却。加工难加工材料，如不锈钢、耐热钢等，应选用10%～15%的极压切削油或极压乳化液。

（3）根据刀具材料选用

① 高速钢刀具　粗加工选用乳化液。精加工钢件时，选用极压切削油或浓度较高的极压乳化液。

② 硬质合金刀具　为避免刀片因骤冷或骤热而产生崩裂，一般不使用冷却润滑液。如果要使用，必须连续充分地浇注。若采用喷雾加注法，则切削效果更好。

4.4.4　使用切削液的注意事项

① 油状乳化油必须用水稀释后才能使用。但乳化液会污染环境，应尽量选用环保型切削液。

② 切削液应浇注在过渡表面、切屑和刀具前面接触的区域，因为此处产生的热量最多，最需要冷却润滑，如图4-13所示。

③ 控制好切削液的流量。流量太小或断续使用，起不到应有的作用；流量太大，则会造成切削液的浪费。

④ 加注切削液可以采用浇注法和高压冷却法。浇注法是一种简便易行、应用广泛的方法，一般车床均有这种冷却系统［图4-14（a）］。高压冷却是以较高的压力和流量将切削液喷向切削区［图4-14（b）］，这种方法一般用于半封闭加工或车削难加工材料的情况。

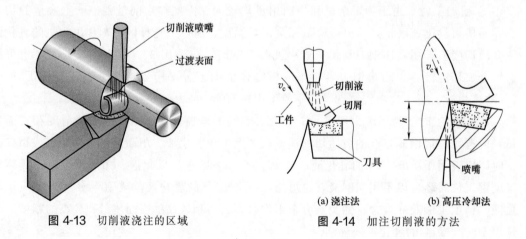

图4-13　切削液浇注的区域　　　　图4-14　加注切削液的方法

4.5　加工精度与加工表面质量

机器工件的加工质量指标分为两大类：加工精度和加工表面质量。

4.5.1　加工精度

（1）加工精度的概念

加工精度是指工件加工后的实际几何参数（尺寸、形状和位置）与理想几何参数的符合程度。工件的加工精度包括尺寸精度、形状精度和位置精度三个方面。

（2）获得规定尺寸精度的方法

切削加工中，工件获得规定尺寸精度的方法主要有以下两种。

① 试切法　试切法是通过试切→测量→调整→再试切的反复过程而最终获得规定尺寸精度的方法。这种方法只适用于单件生产。

② 自动获得尺寸精度的方法

a. 用定尺寸刀具加工。工件的尺寸精度由刀具本身尺寸精度保证。例如，使用钻头、铰刀、拉刀进行孔加工，用丝锥、板牙加工内、外螺纹。

b. 调整法。预先按规定的尺寸调整好机床、夹具、刀具及工件的相对位置和运动，并要求在一批工件的加工过程中，保持这种相对位置不变，或定期作补充调整，以保证在加工时自动获得规定的尺寸精度。

c. 自动控制法。使用由测量装置、进给装置和控制系统组成的自动加工循环系统。在工件达到规定的尺寸精度要求时，机床的自动测量装置发出指令使机床自动退刀并停止工作。加工过程中如果刀具磨损（在磨损的允许范围内），自动测量装置则发出补偿指令，使进给装置进行微量补偿进给。整个工作循环自动进行，加工后的工件尺寸稳定，生产率高。

随着数控机床的迅速发展和应用普及，获得工件尺寸精度越来越方便，使精度要求较高、形状复杂工件的单件、小批量生产易于实现自动化。

4.5.2　加工表面质量

（1）加工表面质量的概念

加工表面质量包括工件表面微观几何形状和工件表面层材料的物理、力学性能两个方面的内容。工件的加工表面质量对工件的耐磨性、耐蚀性、疲劳强度、配合性质等使用性能有着很大的影响，特别是对在高速、重载、变载、高温等条件下工作的工件的影响尤为显著。

（2）表面粗糙度

表面粗糙度是加工表面上具有较小间距和峰谷所组成的微观几何形状特性，一般由所采用的加工方法和（或）其他因素形成。其波距<1mm，主要是由加工过程中刀具和工件表面的摩擦、刀痕、切屑分离时工件表面层金属的塑性变形以及工艺系统中的高频振动等原因形成。

表面粗糙度是衡量加工表面微观几何形状精度的主要标志。表面粗糙度值越小，加工表面的微观几何形状精度越高。

（3）表面层材料的物理、力学性能

切削加工时，工件表面层材料在刀具的挤压、摩擦及切削区温度变化的影响下发生材质变化，致使表面层材料的物理、力学性能与基体材料的物理、力学性能不一致，从而影响加工表面质量。这些材质的变化主要有以下几方面。

① 表面层材料因塑性变形引起的冷作硬化。

② 表面层材料因切削热的影响，引起金相组织的变化。

③ 表面层材料因切削时的塑性变形、热塑性变形、金相组织变化引起的残余应力。

（1）什么是切削运动？根据切削时工件与刀具相对运动所起的作用不同，切削运动可划分为哪几种？各有何作用？

（2）切削过程中，在被加工的工件上有三个不断变化着的表面，分别是哪三个面？

（3）切削用量包括哪几项？

（4）粗加工的目的是什么？粗加工时如何选择切削用量？

（5）精加工的目的是什么？精加工时如何选择切削用量？

（6）外圆车刀的切削部分由哪几部分组成？

（7）常用的刀具材料有哪些？

（8）切削液的作用是什么？

（9）影响总切削抗力大小的因素有哪些？

（10）什么是加工精度？工件的加工精度包括哪几个方面？

第**5**章

钳加工

学习目标

（1）了解划线的概念和方法。

（2）了解划线基准的概念及其选择。

（3）了解錾削、锯削与锉削的概念、加工用工具及加工方法。

（4）了解常用孔加工的类型、加工用工具及加工方法。

（5）了解攻螺纹与套螺纹的加工方法。

常见的钳加工有划线、錾削、锯削、锉削、钻孔、扩孔、铰孔、攻螺纹、套螺纹等多项工作。

5.1 划线

5.1.1 划线概念

划线是指在毛坯或工件上，用划线工具划出待加工部位的轮廓线或作为基准的点和线，如图 5-1 所示，这些点和线标明了工件某部分的尺寸、位置和形状特征。

划线分平面划线和立体划线两种。如图 5-1（a）所示，只需要在工件一个表面上划线后即能明确表示加工界线的，称为平面划线；如图 5-1（b）所示，需要在工件几个互成不同角度（通常是互相垂直）的表面上划线才能明确表示加工界线的，称为立体划线。

划线是机械加工的重要工序之一，广泛用于单件和小批量生产。划出的基准线和加工界线可作为校正和加工的依据。划线的具体作用如下：

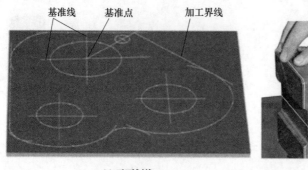
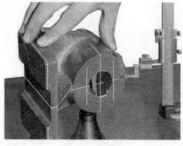

基准线 基准点 加工界线

(a) 平面划线 (b) 立体划线

图 5-1 划线

① 确定工件的加工余量，使机械加工有明确的尺寸界线。

② 便于复杂工件在机床上装夹，可按划线找正定位。

③ 能够及时发现和处理不合格的毛坯，避免加工后造成损失。

④ 采用借料划线可使误差不大的毛坯得到补救，提高毛坯的利用率。

划线的准确与否，将直接影响产品的质量和生产效率的高低。划线除要求划出的线条清晰均匀外，最重要的是保证尺寸准确。划线精度一般为 0.25~0.5mm。因此，在加工过程中必须通过测量来保证尺寸的准确度。

5.1.2 划线工具与涂料

(1) 常用划线工具及应用

钳工常用的划线工具及用途见表 5-1。

⊡ 表 5-1 常用划线工具及用途

名称	图示	用途
平板		平板是用来安放工件和划线工具并在其工作面上完成划线及检测过程的工具。放置时应使平板工作面处于水平状态
划线盘		划线盘用来直接在工件上划线或找正位置。一般情况下，划针的直头端用来划线，弯头端用来找正工件位置
划针		划线用的基本工具。常用的划针是用 $\phi 3 \sim 6mm$ 的弹簧钢丝或高速钢制成，其长度为 200~300mm，尖端磨成 15°~20° 的尖角，并经热处理淬硬，以提高其硬度和耐磨性

名称	图示	用途
划规		划规用来划圆和圆弧、等分线段、等分角度及量取尺寸等
长划规		长划规专门用来划大尺寸圆或圆弧。在滑杆上调整两个划规脚,就可得到所需要的尺寸
单脚划规	 (a)　　　(b)	单脚划规可用来求出圆形工件的中心[图(a)],也可沿加工好的平面划平行线[图(b)]
游标高度卡尺	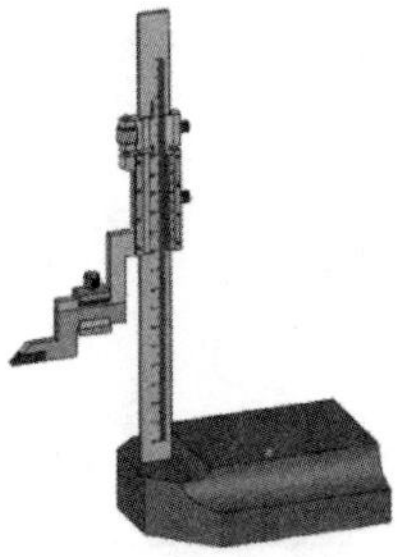	游标高度卡尺既可以用来测量高度,又可以用量爪直接划线
样冲	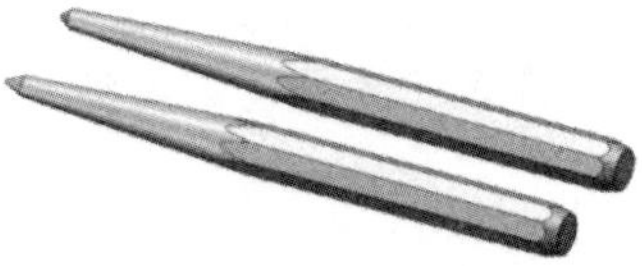	样冲用于在所划的线条或圆弧中心上冲眼
直角尺	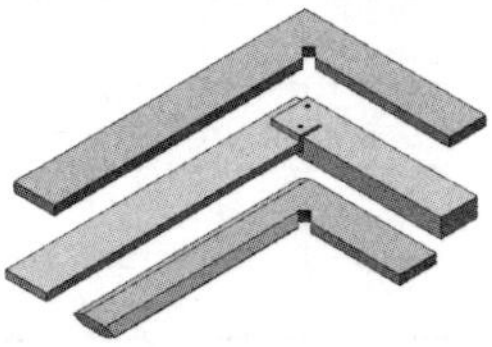	划线时,可用直角尺作为划垂直线或平行线的导向工具,也可用来找正工件在平板上的垂直位置
方箱		方箱是由相互垂直的平面组成的矩形基准器具,又称为方铁。常用的方箱是用铸铁(HT200)制成的具有 6 个工作面的空腔正方体或长方体,其中一个工作面上有 V 形槽。结合配件可以对轴类零件进行支承和装夹

名称	图示	用途
V形架	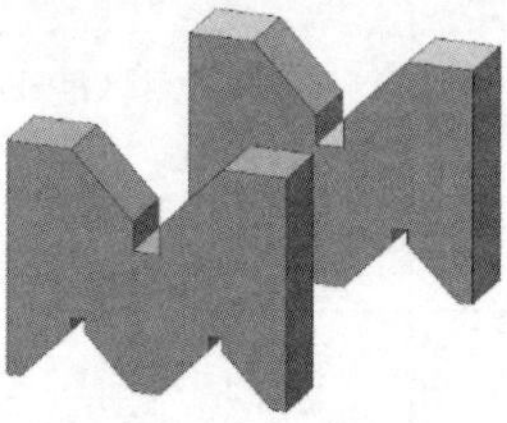	一般的V形架都是两块一副,V形槽夹角为90°或120°,主要用于支承轴类工件
垫铁	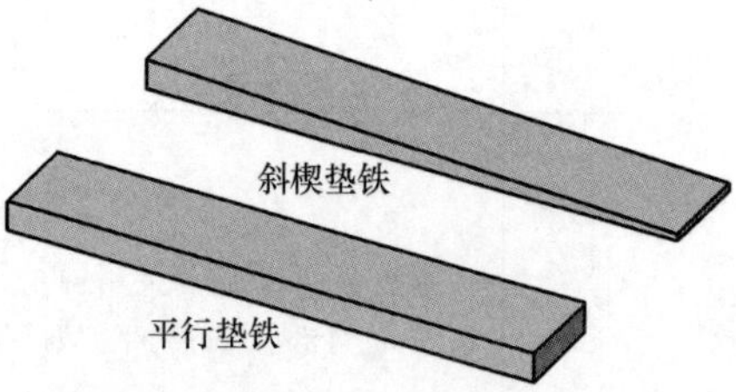 斜楔垫铁 平行垫铁	垫铁一般有平行垫铁和斜楔垫铁。平行垫铁相对的两个平面互相平行,主要用于把工件平行垫高。斜楔垫铁用于支承和调整各种毛坯件,也可用于微量调节工件的高低
千斤顶	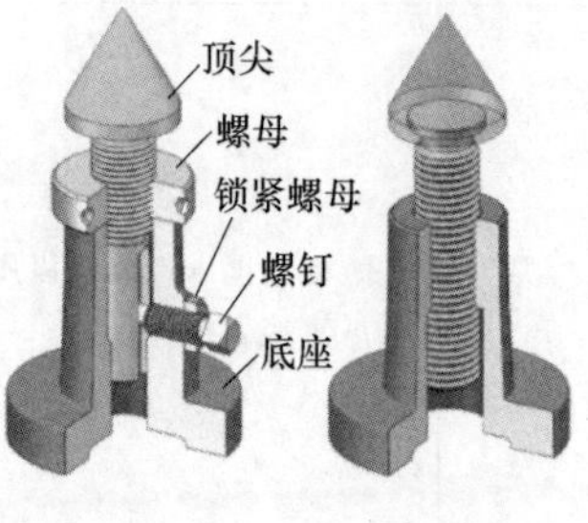 顶尖 螺母 锁紧螺母 螺钉 底座	用来支持毛坯或形状不规则的工件进行立体划线。它可调整工件的高度,以便安放不同类型的工件

（2）划线用涂料

为使工件表面上划出的线条清晰,一般在工件表面的划线部位涂上一层薄而均匀的涂料。常用的划线涂料配方及应用见表5-2。

▣ 表5-2　常用划线涂料配方和应用

名称	配制比例	应用场合
石灰水	稀糊状熟石灰水加适量牛皮胶调和而成	用于表面粗糙的铸件、锻件毛坯
蓝油	2%～4%龙胆紫加3%～5%虫胶漆和91%～95%酒精混合而成	用于已加工表面或黄铜等有色金属

5.1.3　划线基准的选择

划线时,工件上用来确定其他点、线、面位置所依据的点、线、面称为划线基准。在零件图上,用来确定其他点、线、面位置的基准,称为设计基准。

划线时,为了减少不必要的尺寸换算,使划线方便、准确,应从划线基准开始。选择划线基准的基本原则是尽可能使划线基准和设计基准重合。划线基准类型见表5-3。

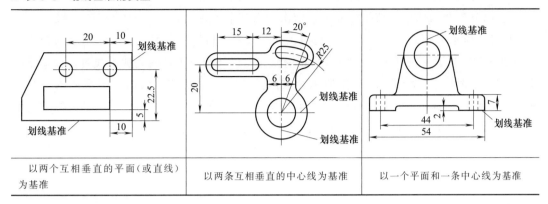

以两个互相垂直的平面（或直线）为基准	以两条互相垂直的中心线为基准	以一个平面和一条中心线为基准

划线时在零件的每一个方向都要选择一个基准，因此，平面划线时一般要选择 2 个划线基准；立体划线时一般要选择 3 个划线基准。

5.1.4 划线时的找正和借料

各种铸、锻件由于某些原因，会形成形状歪斜、偏心、各部分壁厚不均匀等缺陷。当形位误差不大时，可通过划线找正和借料的方法来补救。

(1) 找正

对于毛坯工件，划线前一般要先做好找正工作。找正就是利用划线工具使工件上有关的表面与基准面（如划线平板）处于合适的位置。找正时应注意：

① 当工件上有不加工表面时，应按不加工表面找正后再划线，这样可使加工表面与不加工表面之间保持尺寸均匀。如图 5-2 所示的轴承架毛坯，内孔和外圆不同心，底面和 A 面不平行，划线前应进行找正。在划内孔加工线之前，应先以外圆（不加工）为找正依据，用单脚规找出其中心，然后以找出的中心为基准划出内孔的加工线，这样内孔和外圆就可以达到同心要求。在划轴承座底面加工线之前，应以 A 面（不加工）为依据，用划线盘找正 A 面的位置与划线平板基本平行，然后划出底面加工线，这样底座各处的厚度就比较均匀。

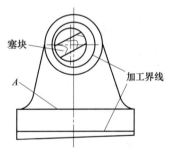

图 5-2 毛坯工件的找正

② 当工件上有两个以上的不加工表面时，应选择重要的或较大的表面为找正依据，并兼顾其他不加工表面，这样可使划线后的加工表面与不加工表面之间尺寸比较均匀，而使误差集中到次要或不明显的部位。

③ 当工件上没有不加工表面时，对各加工表面自身位置找正后再划线，可使各加工表面的加工余量得到合理分配，避免加工余量相差悬殊。

(2) 借料

当工件上的误差或缺陷用找正后的划线方法不能补救时，可采用借料的方法来解决。借料就是通过试划和调整，将各加工表面的加工余量合理分配，互相借用，从而保证各加工表面都有足够的加工余量，而误差或缺陷可在加工后排除。借料的一般步骤是：

① 测量工件的误差情况，找出偏移部位和测出偏移量。

② 确定借料方向和大小，合理分配各部位的加工余量，划出基准线。

③ 以基准线为依据，按图样要求，依次划出其余各线。

图 5-3 所示为套筒的锻造毛坯，其内、外圆都要进行加工。图 5-3（a）所示为合格毛坯的划线。如果锻造毛坯的内、外圆偏心量较大，以外圆找正划内孔加工线时，会造成内孔的加工余量不足，如图 5-3（b）所示；按内孔找正划外圆加工线时，则会造成外圆的加工余量不足，如图 5-3（c）所示。只有将内孔、外圆同时兼顾，采用借料的方法才能使内孔和外圆都有足够的加工余量，如图 5-3（d）所示。

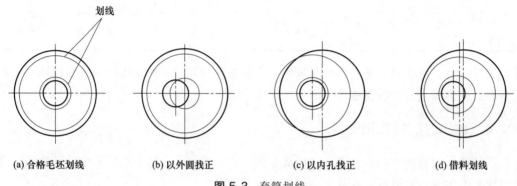

(a) 合格毛坯划线　　　(b) 以外圆找正　　　(c) 以内孔找正　　　(d) 借料划线

图 5-3　套筒划线

5.2　錾削、锯削与锉削

5.2.1　錾削

用锤子打击錾子来对金属工件进行切削加工的方法称为錾削。錾削是一种粗加工，一般按所划加工线进行加工，平面度可控制在 0.5mm 之内。目前，錾削工作主要用于不便于机械加工的场合，如清除毛坯上的多余金属、分割材料、錾削平面及沟槽等。

(1) 錾削工具

錾削工具主要是錾子和锤子。

① 錾子　錾子是錾削用的刀具，一般用非合金工具钢（T7A）锻成，它由头部、錾身及切削部分组成。头部顶端略带球形，以便锤击时作用力容易通过錾子中心线。錾身部分为便于把持，多为八棱形，以防止錾削时錾子转动。切削部分刃磨成楔形，经热处理后硬度达到 56～62HRC，如图 5-4 所示。钳工常用的錾子种类见表 5-4。

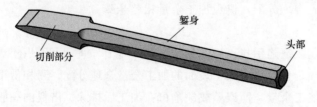

图 5-4　錾子的结构

名称	图示	特点及用途
扁錾(阔錾)		切削部分扁平,刃口略带弧形,主要用于錾削平面、分割材料及去毛边等
尖錾(狭錾)		切削刃两侧面略带倒锥,以防錾削沟槽时,錾子被槽卡住,主要用于錾削沟槽和分割曲线形板材
油槽錾		切削刃较短并呈圆弧形,且与油槽截面一致,其切削部分常做成弯曲形状,便于在曲面上錾削油槽

② 锤子　钳工常用的锤子（圆头锤）又称榔头,它由锤体、锤柄和倒楔组成,如图 5-5 所示。锤体通常用碳素工具钢锻成,并经淬硬处理。锤柄用硬而不脆的木材制成,截面为椭圆形,以便控制锤体,准确敲击。锤柄装入锤孔后,打入倒楔,以防锤体脱落。

(2) 錾削角度

如图 5-6 所示为錾削平面时所形成的錾削角度。錾削角度的定义、作用见表 5-5,錾削角度大小选择见表 5-6。

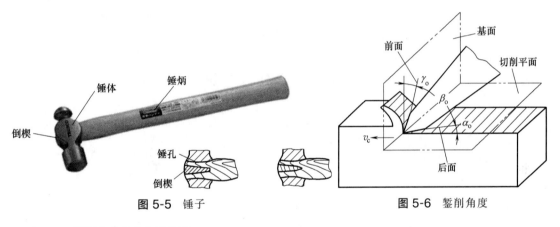

图 5-5　锤子　　　　　　　　　图 5-6　錾削角度

⊡ 表 5-5　錾削角度的定义及作用

錾削角度	定义	作用
楔角 β_o	錾子前面与后面之间的夹角	楔角小,錾削省力,但刃口薄弱,容易崩损;楔角大,錾削费力,錾削表面不易平整。通常根据工件材料的软硬选取楔角的大小
后角 α_o	錾子后面与切削平面之间的夹角	减少錾子后面与切削表面间的摩擦,使錾子容易切入材料。后角大小取决于錾子被掌握的方向,其对錾削的影响如图 5-7 所示
前角 γ_o	錾子前面与基面之间的夹角	减小切屑变形,使切削轻快。前角越大,切削越省力

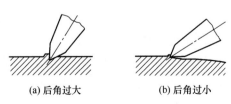

(a) 后角过大　　　　　　(b) 后角过小

图 5-7　后角大小对錾削的影响

工件材料	楔角 β_0	后角 α_0	前角 γ_0
工具钢、铸铁等硬材料	$60°\sim70°$		
结构钢等中等硬度材料	$50°\sim60°$	$5°\sim8°$	$\gamma_0=90°-(\beta_0+\alpha_0)$
铜、铝、锡等软材料	$30°\sim50°$		

(3) 錾削操作方法

① 錾子的握法   錾子的握法有正握法和反握法两种。

a. 正握法。手心向下，腕部伸直，用左手的中指、无名指握住錾子，小指自然合拢，食指和大拇指自然接触，錾子头部伸出约20mm，如图5-8（a）所示。

b. 反握法。手心向上，手指自然捏住錾子，手掌悬空，如图5-8（b）所示。

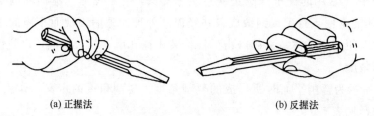

(a) 正握法   (b) 反握法

图5-8 錾子的握法

② 锤子的握法   锤子握法有紧握法和松握法两种。

a. 紧握法。用右手五指紧握锤柄，大拇指合在食指上，虎口对准锤头方向，木柄尾端露出约15～30mm。在挥锤和锤击过程中，五指始终紧握，如图5-9（a）所示。

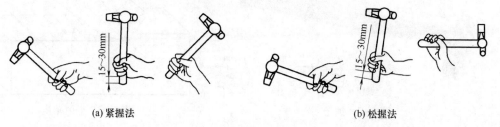

(a) 紧握法   (b) 松握法

图5-9 锤子的握法

b. 松握法。只用拇指和食指始终握紧锤柄。在挥锤时，小指、无名指、中指则依次放松。在锤击时，又以相反的次序收拢握紧，如图5-9（b）所示。

③ 站立位置   为了发挥较大的敲击力量，操作者必须保持正确的站立位置。如图5-10所示，左脚跨前半步，两腿自然站立，人体重心稍微偏向后方，视线要落在工件的錾削部位。

④ 挥锤方法   挥锤有腕挥、肘挥和臂挥三种方法，如图5-11所示。

a. 腕挥。如图5-11（a）所示，只用手腕的运动挥锤，锤击力较小，采用紧握法握锤，一般用于錾削余量较少及錾削开始或结尾的场合。

b. 肘挥。如图5-11（b）所示，用手腕与肘部一起挥动，锤击力较大，应用最广。

c. 臂挥。如图5-11（c）所示，用手腕、肘和大臂一起挥锤，锤击力最大，常采用松握法握锤，用于需要大力錾削的工作。

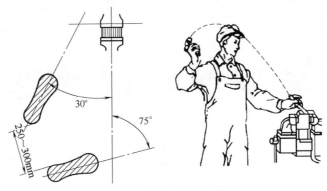

图 5-10　錾削时的站立位置

（4）錾削时的注意事项

① 工件夹持要牢固，工件尽量装夹在台虎钳钳口的中间位置，必要时在工件下面垫一木块。

② 錾削平面时，应从工件的边缘尖角处轻轻地起錾，如图 5-12 所示，将錾子头部向下倾斜，先錾出一小斜面，再将錾子逐渐放正进行分层錾削。

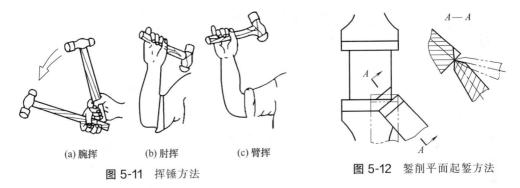

(a) 腕挥	(b) 肘挥	(c) 臂挥

图 5-11　挥锤方法

图 5-12　錾削平面起錾方法

③ 錾槽时必须从正面起錾，如图 5-13 所示，将錾子切削刃抵紧起錾位置，錾子头部向下倾斜，待錾出一小斜面后，再按正常角度进行錾削。

④ 当錾削距尽头约 10mm 时，必须调头錾去余下的部分，以防材料崩裂，如图 5-14 所示。

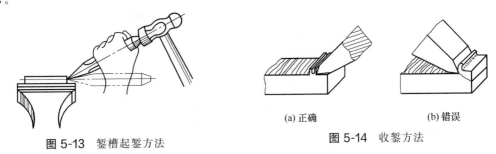

图 5-13　錾槽起錾方法

(a) 正确	(b) 错误

图 5-14　收錾方法

5.2.2　锯削

用手锯对材料或工件进行切断或切槽等的加工方法称为锯削。锯削是一种粗加工，平面度一般可控制在 0.2～0.5mm。它具有操作方便、简单、灵活的特点，应用较广。锯削的应用如图 5-15 所示。

(a) 锯断各种原材料或半成品

(b) 锯掉工件上多余部分

(c) 在工件上锯沟槽

图 5-15　锯削的应用

(1) 手锯的组成

手锯由锯弓和锯条两部分组成。锯弓用于安装和张紧锯条，有固定式和可调式两种，如图 5-16 所示。

(a) 固定式

(b) 可调式

图 5-16　锯弓的形式

锯条在锯削时起切削作用，其结构如图 5-17 所示。

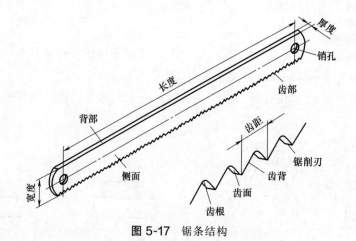

图 5-17　锯条结构

(2) 锯条

① 锯条的规格　锯条的规格包括长度规格和粗细规格两部分。锯条的长度规格是以两端销孔的中心距来表示，常用的锯条长度为 300mm。粗细规格用 25mm 长度内的锯齿数或用齿距（两相邻锯削刃之间的距离）表示。

② 锯条的分齿　在制造锯条时，使锯齿按一定的规律左右错开，排列成一定形状，

将锯齿从锯条两侧凸出以提供锯切间隙的方法称为锯条的分齿。锯条的分齿形式有交叉形和波浪形等，如图 5-18 所示。分齿的作用是使工件上的锯缝宽度大于锯条背部的厚度，从而减少了锯削过程中的摩擦，避免"夹锯"和锯条折断现象，延长了锯条使用寿命。

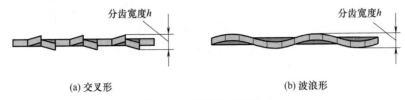

(a) 交叉形   (b) 波浪形

图 5-18　锯条的分齿形式

(3) 锯削的操作要点

① 工件夹持牢靠，同时防止工件装夹变形或夹坏已加工表面。

② 合理选择锯条的粗细规格。

③ 锯条的安装应正确，锯齿应朝前、锯条松紧要适当，如图 5-19 所示。

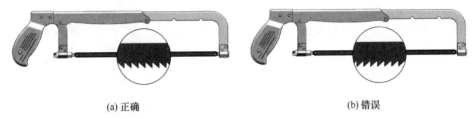

(a) 正确   (b) 错误

图 5-19　锯条的安装

④ 选择正确的起锯方法。起锯有远起锯和近起锯两种，为避免锯齿被卡住或崩裂，一般应尽量采用远起锯。起锯时起锯角 θ 要小些，一般不大于 15°，如图 5-20 所示。

⑤ 锯削姿势正确，压力和速度适当。一般锯削速度为 40 次/min 左右。

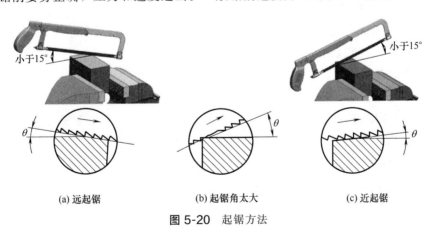

(a) 远起锯   (b) 起锯角太大   (c) 近起锯

图 5-20　起锯方法

5.2.3　锉削

用锉刀对工件表面进行切削加工，使其尺寸、形状和表面粗糙度符合要求的操作方法称为锉削。锉削一般是在錾、锯之后对工件进行的精度较高的加工，其精度可达 0.01mm，表面粗糙度值可达 $Ra0.8\mu m$。

（1）锉刀的结构

锉刀用碳素工具钢 T12、T13 或优质碳素工具钢 T12A、T13A 制成，经热处理后硬度达 62～72HRC。锉刀由锉身和锉柄两部分组成，各部分名称如图 5-21 所示。

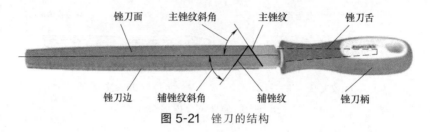

图 5-21　锉刀的结构

锉刀面上有无数个锉齿，根据锉齿的排列方式，可分为单齿纹和双齿纹两种，如图 5-22 所示。单齿纹锉刀适用于锉削软材料；双齿纹锉刀由主锉纹（起主要切削作用）和辅锉纹（起分屑作用）构成，适用于锉削硬材料。

（a）单齿纹　　　　　　　　　　　　　　　（b）双齿纹

图 5-22　锉刀的齿纹

（2）锉刀的规格

普通锉刀的规格分尺寸规格和锉纹的粗细规格。

对于尺寸规格来说，圆锉刀以其断面直径为尺寸规格，方锉刀以其边长为尺寸规格，其他锉刀以锉身长度为尺寸规格。常用的有 100mm、150mm、200mm、250mm、300mm 和 350mm 等几种。

普通锉刀的粗细规格是根据锉刀每 10mm 轴向长度内主锉纹的条数来划分的，国家标准 GB/T 5806—2003 将普通锉刀的粗细规格划分为 1～5 号。

（3）锉刀的选用

锉刀选用是否合理，对工件的加工质量、工作效率和锉刀寿命都有很大的影响。通常应根据工件的表面形状、尺寸精度、材料性质、加工余量以及表面粗糙度等要求来选用。锉刀断面形状及尺寸应与工件被加工表面形状和大小相适应。

一般来说粗齿锉刀用于锉削铜、铝等软金属及加工余量大、精度低和表面粗糙的工件，细齿锉刀用于锉削钢、铸铁以及加工余量小、精度要求高和表面粗糙度数值较低的工件，油光锉则用于最后修光工件表面。

（4）锉削方法

锉削方法正确与否，对锉削质量、锉削力量的发挥和疲劳程度都有直接的影响。

① 锉刀的握法　由于锉刀的形状规格不同，其握持方法也不同，如图 5-23 所示。

② 站立位置　锉削时的站立位置如图 5-24 所示。两脚距离与自己的肩宽基本一致。

③ 锉削动作　锉削时身体重心要落在左脚上，右膝伸直，左膝部呈弯曲状态，并随锉的往复运动而屈伸。如图 5-25 所示，锉削开始时，身体向前倾斜 10°左右；锉刀推进前

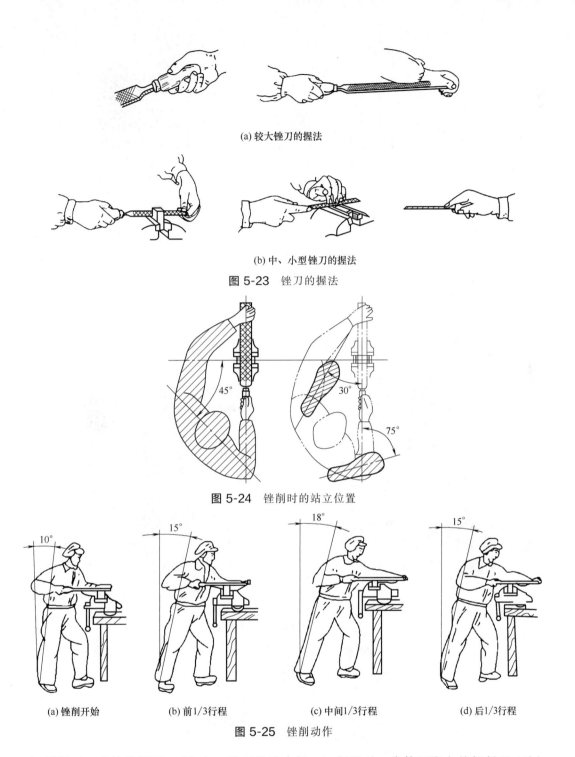

(a) 较大锉刀的握法

(b) 中、小型锉刀的握法

图 5-23　锉刀的握法

图 5-24　锉削时的站立位置

(a) 锉削开始　　(b) 前1/3行程　　(c) 中间1/3行程　　(d) 后1/3行程

图 5-25　锉削动作

1/3 行程时，身体前倾至 15°左右；锉刀推进中间 1/3 行程时，身体逐渐向前倾斜至 18°左右；锉刀推进最后 1/3 行程时，右肘继续向前推进锉刀，身体自然地退回到 15°左右。当锉削行程结束后，将锉刀略提起退回原位，同时身体恢复到初始状态。在锉削过程中，锉刀必须始终保持平稳而不上下摆动，其推力主要由右手控制，压力则由两手控制。锉削时的速度一般为 40 次/min，速度太快则容易疲劳和加快锉齿的磨损。推出时稍慢，回程时稍快，动作应自然协调。

5.3 孔加工

钳工加工孔的方法主要有两类：一类是用麻花钻、中心钻等在实体材料上加工出孔；另一类是用扩孔钻、锪钻或铰刀等对工件上已有的孔进行再加工。

5.3.1 钻孔

用钻头在实体材料上加工孔的方法，称为钻孔。钳工钻孔时常在各类钻床上进行。在钻床上钻孔时，钻头的旋转是主运动，钻头沿轴向的移动是进给运动。钻削时钻头是在半封闭的状态下进行切削的，转速高，切削量大，排屑困难，摩擦严重，钻头易抖动，所以加工精度低，一般尺寸精度只能达到 IT11～IT10，表面粗糙度 Ra 值只能达到 $50～12.5\mu m$。

(1) 钻床

钳工常用的钻床有台式钻床、立式钻床和摇臂钻床，如图 5-26 所示。

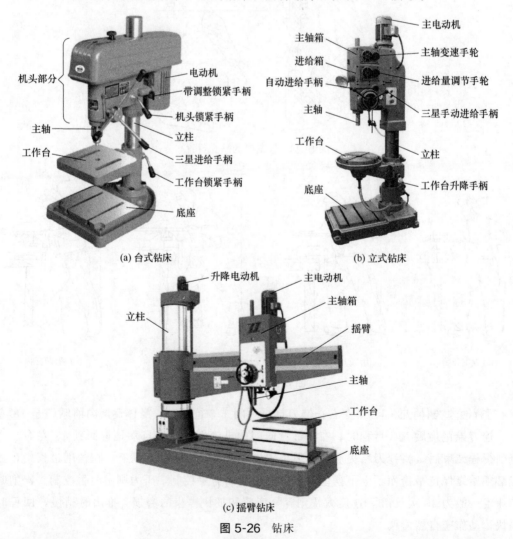

(a) 台式钻床　　　　　　　　(b) 立式钻床

(c) 摇臂钻床

图 5-26　钻床

(2) 麻花钻

麻花钻是指容屑槽由螺旋面构成的钻孔刀具，因钻体部分形状像麻花一样而得名。麻花钻由钻体和钻柄组成，如图 5-27 所示。

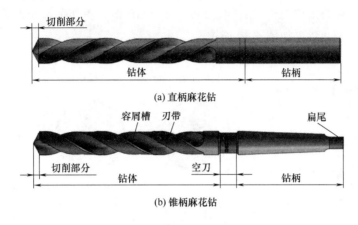

图 5-27　麻花钻

① 钻柄　钻柄是麻花钻的夹持部分，主要用来连接钻床主轴并传递动力。按与钻床的装夹形式分为直柄麻花钻和莫氏锥柄麻花钻。

② 钻体　麻花钻的钻体包括切削部分（又称钻尖）、由两条刃带形成的导向部分及空刀。切削部分是指由产生切屑的诸要素（主切削刃、横刃、前面、后面、刀尖）所组成的工作部分，它承担着主要的切削工作。标准麻花钻的切削部分由五刃（两条主切削刃、两条副切削刃和一条横刃）、六面（两个前面、两个后面和两个副后面）和三尖（一个钻尖和两个刀尖）组成，如 5-28 所示。麻花钻的导向部分用来保持钻孔时的正确方向并修光孔壁，在麻花钻刃磨时可作为切削部分

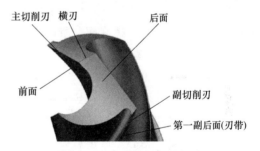

图 5-28　麻花钻的切削部分

的后备。两条容屑槽的作用是形成切削刃，便于容屑、排屑和切削液输入。为了减少刃带与孔壁的摩擦，便于导向，麻花钻的导向部分略有倒锥（用倒锥度表示，每 100mm 长度上为 0.02～0.12mm，但总倒锥量不应超过 0.25mm）。空刀是钻体上直径减小的部分，它的作用是在磨制麻花钻时作为退刀槽，通常锥柄麻花钻的规格、材料及商标也打印在此处。

(3) 麻花钻的几何角度

麻花钻的主要几何角度有螺旋角、顶角、前角、后角、横刃斜角等，如图 5-29 所示。

① 螺旋角（ω）　副切削刃（俗称刃带）上选定点的切线与包含该点及轴线组成的平面间的夹角称为螺旋角。麻花钻不同直径处的螺旋角是不同的，外径处螺旋角最大，越接近中心螺旋角越小。螺旋角增大则前角增大，有利于排屑，但钻头刚度下降。标准麻花钻外缘处的螺旋角通常为 30°。

② 顶角（2ϕ） 两主切削刃在结构基面上的投影间的夹角称为麻花钻的顶角。顶角愈小，轴向力愈小，外缘处尖角愈大，利于散热。但在相同条件下，所受扭矩增大，切屑变形加剧，排屑困难。顶角的大小一般根据麻花钻的加工条件而定，标准麻花钻的顶角2ϕ＝118°±2°，此时两主切削刃呈直线。顶角2ϕ＞118°时，主切削刃呈凹形；顶角2ϕ＜118°时，主切削刃呈凸形，如图5-30所示。

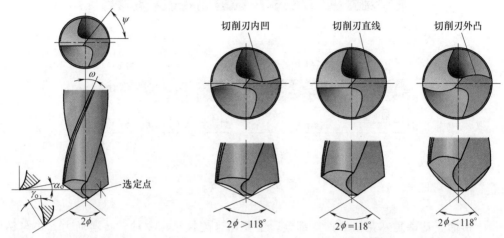

图5-29 麻花钻的几何角度

图5-30 麻花钻顶角与主切削刃形状的关系

③ 前角（γ_o） 在主切削刃上通过选定点的前面与基面的夹角称为前角。前角大小决定着切除材料的难易程度和切屑在前面上的摩擦阻力的大小，前角愈大，切削愈省力。由于麻花钻的前面是一个螺旋面，所以主切削刃上的前角大小是变化的，外缘处最大，可达γ_o＝30°；自外向内逐渐减小，在钻心至$d/3$范围内为负值；横刃处的前角γ_o＝－60°～－54°；接近横刃处的前角γ_o＝－30°。

④ 后角（α_o） 通过选定点在柱剖面上的后面与切削平面之间的夹角称为后角。后角的作用是减小麻花钻后面与切削面间的摩擦。麻花钻主切削刃上的后角大小也是变化的，外缘处最小，愈近钻心，后角愈大。一般外缘处的后角α_o＝8°～14°。

⑤ 横刃斜角（ψ） 横刃斜角是指主切削刃与横刃在垂直于麻花钻轴线的平面上投影的夹角。当麻花钻后面磨出后，横刃斜角自然形成，其大小与后角有关。标准麻花钻的横刃斜角ψ＝50°～55°。

（4）钻削时切削用量的选择

钻削时的切削用量包括切削速度（v）、进给量（f）和背吃刀量（a_p），如图5-31所示。

钻孔时，由于背吃刀量已由孔径所定，所以只需选择切削速度和进给量。

钻削时切削用量的选用原则是：在允许范围内，尽量先选较大的进给量f，当f受到表面粗糙度和钻头刚度的限制时，再考虑选较大的切削速度v。

（5）钻孔的方法

在平面上钻孔常采用划线的方法，划线使两线交叉点在钻

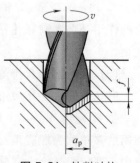

图5-31 钻削时的切削用量

孔几何中心处，然后将钻头的钻尖对准划线孔中心冲眼，将钻头钻入工件。当钻头钻尖约钻入1/4孔深时，退出钻头，观察锥坑是否与划线中心同心，如稍有偏斜，可在钻头再次切入工件时用力将工件向偏斜的反方向推移，从而达到纠正位置的目的；若偏得太多，可在修正方向上錾出几条槽，将钻偏的位置纠正。

① 钻通孔　在孔将要被钻透时，进给量要减小，可将自动进给变为手动进给，以避免钻头在钻穿的瞬间抖动，出现"啃刀"现象，影响加工质量，损坏钻头，甚至发生事故。

② 钻不通孔　钻不通孔时，要注意掌握钻孔深度，以免将孔钻深，出现质量问题。控制钻孔深度的方法有调整钻床深度标尺挡块、安置控制长度的量具或用划痕做标记。

③ 钻深孔　当钻孔深度超过孔径的3倍时，即为深孔。钻深孔时要经常退出钻头以及时排屑和冷却，否则容易造成切屑堵塞或使钻头切削部分过热，导致钻头加快磨损甚至折断，影响孔的加工质量。

④ 钻大孔　直径超过30mm的孔应分两次钻削，即第一次用（0.5～0.77）×D（D为要求直径）的钻头先钻，然后再用所需直径的钻头将孔扩大到所要求的直径。分两次钻削，既有利于钻头的使用（负荷分担），也有利于提高钻孔质量。

⑤ 在圆柱形工件上钻孔　可用定心工具或直角尺找正后钻孔。

⑥ 在斜面上钻孔　可先在斜面钻孔处铣一小平面或用錾子錾一小平面，然后再钻孔，也可用圆弧刃多能钻钻出。

⑦ 在薄板上钻孔　钻头必须按薄板群钻的几何角度和形状进行刃磨。当孔快钻穿时，要及时停止进给，用锤子将未切掉部分敲打下来。

钻孔时应加切削液，以降低切削温度，提高切削精度。钻削钢件时一般使用机油作切削液，但为提高生产效率，则更多地使用乳化液；钻削铝件时，多用乳化液、煤油；钻削铸铁件则用煤油。

5.3.2　扩孔

用扩孔刀具对工件上原有的孔进行扩大加工的方法称为扩孔。标准扩孔钻的结构及扩孔原理如图5-32所示。

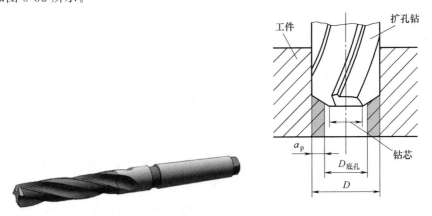

图 5-32　扩孔钻的结构及扩孔原理

由图可知，扩孔时背吃刀量 a_p 为：

$$a_p = \frac{D - D_{底孔}}{2}$$

式中　D——扩孔后的直径，mm；

　　$D_{底孔}$——扩孔前的直径，mm。

(1) 扩孔的特点

① 扩孔钻因中心不切削，无横刃，切削刃只做成靠边缘的一段，避免了由横刃切削所引起的不良影响。

② 因扩孔产生的切屑体积小，不需大容屑槽，故扩孔钻可加粗钻芯，以提高刚度，使切削平稳。

③ 由于容屑槽较小，扩孔钻可做出较多刀齿，增强导向作用，一般整体式扩孔钻有3～4个主切削刃。

④ 扩孔时，背吃刀量较小，切屑易排出，切削阻力小。

⑤ 由于扩孔时的切削条件优于钻孔，因此扩孔精度可达 IT9，表面粗糙度值可达 $Ra3.2\mu m$，常作为孔的半精加工及铰孔前的预加工。

(2) 扩孔方法

① 扩孔时先钻出比图样要求小的底孔，然后再用扩孔钻将孔径扩大至要求。

② 用扩孔钻扩孔时，底孔直径为要求直径的 0.9 倍，进给量为钻孔时的 1.5～2 倍，切削速度为钻孔时的 1/2。当采用手动进给时，进给量要均匀一致。

③ 在实际生产中，也常用麻花钻代替扩孔钻，一般用麻花钻扩孔时，底孔直径约为要求直径的 0.5～0.77 倍。

④ 用麻花钻扩孔时，应适当减小麻花钻的前角，以防止扩孔时扎刀。

5.3.3　铰孔

用铰刀从工件孔壁上切除微量金属层，以提高其尺寸精度和表面质量的加工方法，称为铰孔。铰刀是精度较高的多刃刀具，具有切削余量小、导向性好、加工精度高等特点。铰孔尺寸精度一般在 IT9～IT7 级，表面粗糙度值一般在 $Ra3.2～0.8\mu m$。

(1) 铰刀

如图 5-33 所示，铰刀由柄部和刀体组成。刀体是铰刀的主要工作部分，它包含导锥、切削锥和校准部分。导锥用于将铰刀引入孔中，不起切削作用；切削锥承担主要的切削任务；校准部分有圆柱刃带，主要起定向、修光孔壁、保证铰孔直径等作用。铰刀齿数一般为 4～8 齿，为测量直径方便，多采用偶数齿。

(2) 铰削余量

铰削余量太大会使切削刃负荷增大，变形增大，被加工表面呈撕裂状态，同时加剧铰刀磨损；铰削余量太小，上道工序所留下的切削刀痕不能全部去除，达不到铰孔精度要求。因此，余量的选择直接影响铰削精度和表面粗糙度，铰削余量的选择见表 5-7。

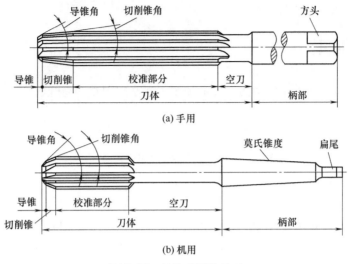

(a) 手用

(b) 机用

图 5-33　整体式圆柱铰刀

☑ 表 5-7　铰削余量的选择

铰孔直径/mm	<5	5~20	21~32	33~50	51~70
铰孔余量/mm	0.1~0.2	0.2~0.3	0.3	0.5	0.8

(3) 铰孔方法

① 手铰时，两手用力要平衡，速度要均匀，以保持铰削的稳定性，避免出现喇叭口或将孔径扩大。

② 铰孔时，不论进刀还是退刀都不能反转，否则会使切屑卡在孔壁与刀齿后面形成的楔形腔内，将孔壁刮毛，甚至挤崩刀刃。

③ 机铰时，应使工件一次装夹进行钻、扩、铰，以保证铰刀中心线与钻孔中心线同轴。铰孔完成后，要待铰刀退出后再停车，以防将孔壁拉出痕迹。

④ 铰削尺寸较小的圆锥孔时，可先以小端直径钻出底孔，然后用锥铰刀铰削。对于锥度比较大或尺寸和深度较大的圆锥孔，为减小切削余量及刀齿负荷，铰孔前可先钻出阶梯孔，然后再用锥铰刀铰削，如图 5-34 所示。铰削过程中要经常用相配的锥销来检查铰孔尺寸。

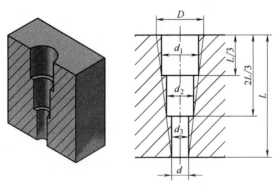

图 5-34　圆锥孔铰削方法

5.4 螺纹加工

钳工在装配与机修工作中常用螺纹的加工方法是攻螺纹和套螺纹。

5.4.1 攻螺纹

用丝锥在孔中切削出内螺纹的加工方法称为攻螺纹。

(1) 攻螺纹工具

① 丝锥　丝锥由柄部和工作部分组成，其基本结构如图5-35所示。柄部起夹持和传递扭矩作用。在工作部分上沿轴向开有几条容屑槽，以形成锋利的切削刃。前段为切削锥，起切削和引导作用；后段为校准部分，可修整螺纹牙型。为了减小牙侧的摩擦，在校准部分的直径上略有倒锥。

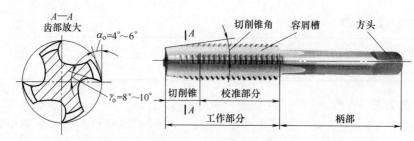

图5-35　丝锥的基本结构

② 铰杠　铰杠是手工攻螺纹时用来夹持丝锥的工具。常用铰杠分普通铰杠和丁字铰杠两种，其结构如图5-36所示。

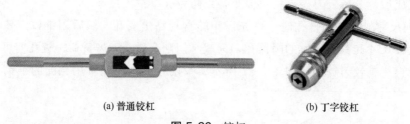

(a) 普通铰杠　　　　　　　　　　(b) 丁字铰杠

图5-36　铰杠

(2) 底孔直径与孔深的确定

① 攻螺纹前底孔直径的确定　攻螺纹时，丝锥对金属层有较强的挤压作用，使攻出螺纹的小径小于底孔直径，因此攻螺纹之前的底孔直径应稍大于螺纹小径。

对于钢件或塑性较大材料，底孔直径的计算公式为：

$$D_{孔} = D - P$$

式中　$D_{孔}$——攻螺纹前底孔直径，mm；

　　　D——螺纹公称直径，mm；

　　　P——螺距，mm。

对于铸铁或塑性较小材料，底孔直径的计算公式为：
$$D_{孔}=D-(1.05\sim1.1)\times P$$

② 螺纹底孔深度的确定　攻不通孔螺纹时，由于丝锥切削部分有锥角，端部不能攻出完整的螺纹牙型，所以钻孔深度要大于螺纹的有效长度，如图5-37所示。其底孔深度的计算公式为：

$$H=h+0.7\times D$$

式中　H——底孔深度，mm；

　　　h——有效螺纹深度，mm；

　　　D——螺纹公称直径，mm。

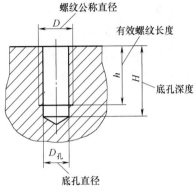

图 5-37　螺纹底孔深度确定

(3) 攻螺纹方法

① 按确定的攻螺纹的底孔直径和深度钻底孔，并将孔口倒角，倒角直径应稍大于螺纹公称直径，以便于丝锥顺利切入，并可防止孔口被挤压出凸边。

② 起攻时，可一手用手掌按住铰杠中部沿丝锥轴线用力加压，另一手配合作顺向旋进；或两手握住铰杠两端均匀施压，并将丝锥顺向旋进，保证丝锥中心线与孔中心线重合，如图5-38所示。

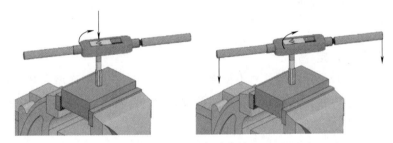

图 5-38　起攻方法

③ 当丝锥攻入1～2圈时，应检查丝锥与工件表面的垂直度，并不断校正，如图5-39所示；丝锥的切削部分全部进入工件时，只须均匀转动铰杠。每正转1/2～1圈要倒转1/4～1/2圈，进行断屑和排屑。

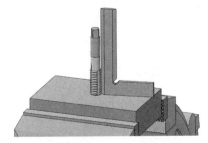

图 5-39　检查丝锥与工件表面的垂直度

④ 攻螺纹时，必须以头锥、二锥、精锥顺序攻削至标准尺寸。

⑤ 攻韧性材料螺孔时，要加合适的切削液。

5.4.2 套螺纹

用板牙在圆杆上加工出外螺纹的方法称为套螺纹。

(1) 套螺纹工具

套螺纹用的工具包括板牙和板牙架，其结构如图 5-40 所示。板牙用合金工具钢或高速钢制成，在板牙两端面处有带锥角的切削部分，中间一段为具有完整牙型的校准部分，因此正、反均可使用。另外，在板牙圆周上开一 V 形槽，其作用是当板牙磨损螺纹直径变大后，可沿该 V 形槽磨开，借助板牙架上的两调整螺钉进行螺纹直径的微量调节，以延长板牙的使用寿命。

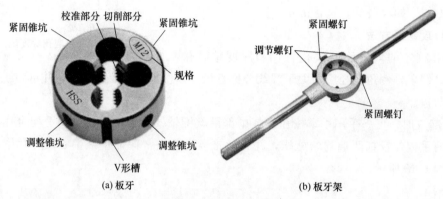

图 5-40 套螺纹工具

(2) 螺杆直径的确定

套螺纹时，由于板牙牙齿对材料不但有切削作用，还有挤压作用，其牙顶将被挤高，所以圆杆直径应小于螺纹公称尺寸。套螺纹前圆杆直径一般可按下列经验公式来确定：

$$D_{杆} = D - 0.13P$$

式中　$D_{杆}$——套螺纹前圆杆直径，mm；

　　　D——螺纹公称直径，mm；

　　　P——螺距，mm。

(3) 套螺纹的方法

如图 5-41 所示，套螺纹前应将圆杆顶端倒角 15°~20°，以便板牙切入，圆锥的最小直径应稍小于螺纹小径。开始套螺纹时要尽量使板牙端面与圆杆垂直，并适当施加向下的压力，同时按顺时针方向扳动板牙架。当切入 1~2 圈后再次校验垂直度，然后不再施加

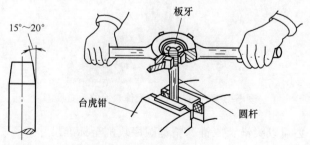

图 5-41 套螺纹方法

向下的压力，只两手用力均匀转动板牙架即可。在套螺纹过程中，要经常反转 1/4 圈，使切屑断碎及时排屑，并加注适当切削液。

课后练习

（1）什么是划线？划线分为哪两类？划线的作用是什么？

（2）划线基准类型有哪三类？

（3）什么是找正？什么是借料？

（4）錾削角度有哪几个？各有何作用？

（5）简述锯削要点。

（6）简述锉削动作。

（7）麻花钻的主要几何角度有哪些？

（8）简述钻孔的方法。

（9）简述铰孔的方法。

（10）攻螺纹前，如何确定底孔直径？

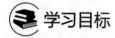

第6章

车削

（1）了解 CA6140 型卧式车床的主要组成部件及其作用。

（2）掌握车床的主要运动及加工范围。

（3）了解常用刀具和夹具的用途。

（4）了解常用表面的车削方法。

车削是指工件旋转作为主运动、车刀做进给运动的切削加工方法。车削是机械加工中应用最广的加工方法，主要用于旋转体零件的加工。车削的加工精度范围为 IT13～IT6，表面粗糙度为 $Ra12.5～1.6\mu m$。

6.1 车床及工艺装备

车床的种类很多，主要有仪表车床，单轴自动车床，多轴自动、半自动车床，回轮（轮塔）车床，立式车床，落地及卧式车床，仿形及多刀车床等。其中，以卧式车床应用最广泛。

6.1.1 CA6140 卧式车床

CA6140 型卧式车床外形如图 6-1 所示，其主要部件及其功用如下。

（1）主轴箱

主轴箱固定在床身的左端，箱内装有主轴部件和主运动变速机构。通过操纵箱外变速

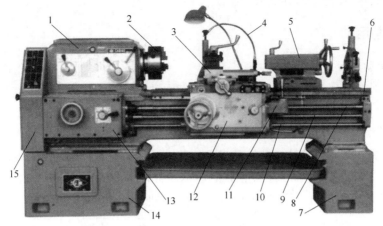

图 6-1 卧式车床外形

1—主轴箱；2—卡盘；3—刀架部分；4—冷却管；5—尾座；6—床身；7,14—床脚；8—丝杠；

9—光杠；10—操纵杆；11—快移机构；12—溜板箱；13—进给箱；15—交换齿轮箱

手柄的位置，可以使主轴有不同的转速。主轴右端有外螺纹用以安装卡盘等附件，内表面是莫氏锥孔，用以安装顶尖。电动机通过带传动，经主轴箱齿轮变速机构带动主轴转动。

（2）交换齿轮箱

交换齿轮箱也称挂轮箱，它将主轴的回转运动传递给进给箱。更换箱内的齿轮，配合进给箱变速机构，可以车削各种导程的螺纹，并满足车削时对纵向和横向不同进给量的需求。

（3）进给箱

进给箱安装在床身的左前侧，是改变进给量、传递进给运动的变速机构。它把交换齿轮箱传递过来的运动经过变速后传递给丝杠或光杠。

（4）溜板箱

溜板箱装在床鞍的下面，是纵、横向进给运动的分配机构。通过溜板箱将光杠或丝杠的转动变为滑板的移动，溜板箱上装有各种操纵手柄及按钮，可以方便地选择纵、横机动进给运动，并使其接通、断开及变向。溜板箱内设有互锁装置，可限制光杠和丝杠只能单独运动。

（5）刀架部分

由床鞍、中滑板、小滑板和刀架等组成。刀架用于装夹车刀并带动车刀做纵向、横向、斜向和曲线运动，从而使车刀完成工件各种表面的车削。

（6）尾座

尾座安装在床身导轨右端，可沿导轨纵向移动。尾座可安装顶尖，以支承较长工件；也可安装钻头或铰刀进行孔加工。

（7）床身

床身是车床的基础部件，主要用于支承和连接车床的各个部件，并保证各部件在工作时有准确的相对位置，例如刀架和尾座可沿床身上的导轨移动。

（8）照明、冷却装置

照明灯使用安全电流，为操作者提供充足的光线，保证明亮清晰的操作环境。冷却液被冷却泵加压后，通过冷却管喷射到切削区域。

6.1.2 车削运动

(1) 主运动

CA6140 卧式车床的主运动就是工件的旋转运动。如图 6-2 所示，电动机的回转运动经带传动机构（V 带及带轮）传递到主轴箱，在主轴箱内经变速、变向机构再传到主轴。

(2) 进给运动

CA6140 卧式车床的进给运动就是刀具的移动。如图 6-2 所示，主轴的回转运动从主轴箱经交换齿轮箱、进给箱传递给光杠或丝杠，再由溜板箱将光杠或丝杠的回转运动转变为滑板、刀架的直线运动，使刀具做纵向或横向的进给运动。

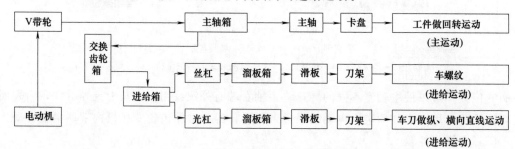

图 6-2　CA6140 卧式车床传动路线框图

6.1.3 车床的加工范围

车床的加工范围很广，可以车外圆、车端面、车槽、切断、车圆锥、车成形面、滚花、钻中心孔、钻孔、扩孔、铰孔、车孔、车各种螺纹及盘绕弹簧等。如果在车床上装上其他附件和夹具，还可以进行磨削、研磨、抛光以及加工各种复杂形状的零件的外圆、内孔等，表 6-1 所示为车削的主要加工内容。

▣ 表 6-1　车削的主要加工内容

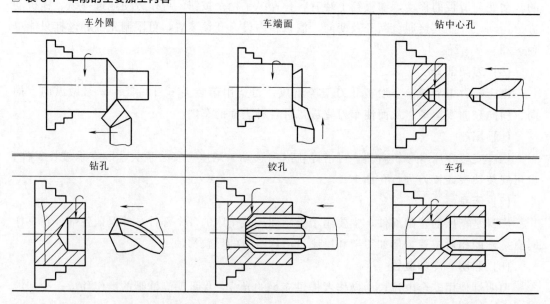

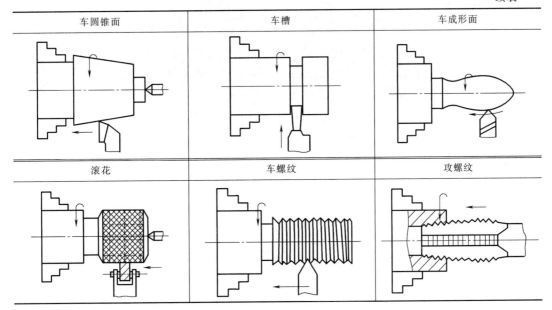

车圆锥面	车槽	车成形面
滚花	车螺纹	攻螺纹

6.1.4 车床通用夹具

常见的车床通用夹具有卡盘、顶尖、中心架、跟刀架、花盘等。

(1) 卡盘

卡盘是应用最多的车床夹具，它是利用其背面法兰盘上的螺纹直接装在车床主轴上的。卡盘分为三爪自定心卡盘和四爪单动卡盘，如图 6-3 和图 6-4 所示。

图 6-3　三爪自定心卡盘

图 6-4　四爪单动卡盘

三爪自定心卡盘的夹紧力较小，装夹工件方便、迅速，不需找正，具有较高的自动定心精度，特别适用于装夹轴类、盘类、套类等工件，但不适合装夹形状不规则的工件。

四爪单动卡盘有很大的夹紧力，其卡爪可以单独调整，因此特别适合装夹形状不规则的工件。但其装夹较慢，需要找正，而且找正的精度主要取决于操作人员的技术水平。

(2) 花盘

对于一些形状不规则的工件不能使用三爪自定心卡盘和四爪单动卡盘装夹时，可使用花盘进行装夹，如图 6-5 所示。

(3) 顶尖、拨盘和鸡心夹头

对于细长的轴类工件一般可以用两种方法进行装夹：其一是用车床主轴的卡盘和车床尾座上的后顶尖装夹工件，如图 6-6 所示；其二是工件的两端均用顶尖装夹定位，利用拨

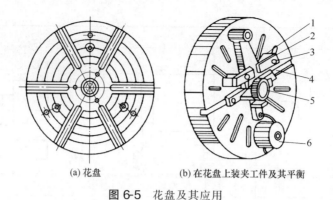

(a) 花盘　　　　　　　　(b) 在花盘上装夹工件及其平衡

图 6-5　花盘及其应用

1—垫铁；2—压板；3—螺栓；4—螺栓槽；5—工件；6—平衡块

盘和鸡心夹头带动工件旋转，如图 6-7 所示。前一种方法仅适合一次性装夹，进行多次装夹时很难保证工件的定位精度；后一种方法可用于多次装夹，并且不会影响工件的定心精度。

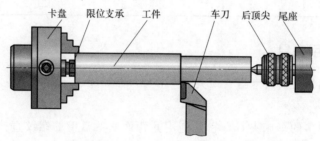

卡盘　限位支承　工件　　　车刀　后顶尖　尾座

图 6-6　使用卡盘和后顶尖装夹工件

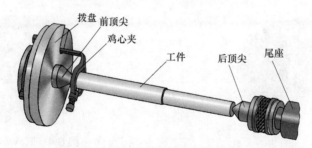

拨盘　前顶尖　　　鸡心夹　　　工件　　后顶尖　尾座

图 6-7　使用前顶尖和尾座顶尖装夹工件

通用顶尖按结构可分为固定顶尖和回转顶尖，如图 6-8 所示。按安装位置可分为前顶尖（安装在主轴锥孔内）和后顶尖（安装在尾座锥孔内）；前顶尖总是固定顶尖，后顶尖可以是固定顶尖，也可以是回转顶尖。

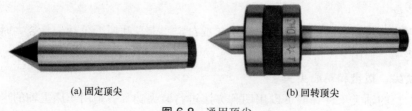

(a) 固定顶尖　　　　　　　　　(b) 回转顶尖

图 6-8　通用顶尖

拨盘与鸡心夹头的作用是当工件用两顶尖装夹时带动工件旋转，如图 6-7 所示。拨盘靠其上的螺纹装在车床的主轴上，带动鸡心夹头旋转；鸡心夹头则依靠其上的紧固螺钉拧紧在工件上，并一起带动工件旋转。

（4）中心架与跟刀架

在车削细长轴时，由于工件刚性差，在背向力及工件的自重作用下，工件会发生弯曲变形，产生振动，车削后会使工件形成两头细、中间粗的形状。为了防止发生这种现象，常使用中心架或跟刀架（图 6-9）作为辅助支承，以增加工件的刚度。

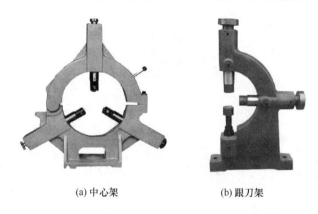

(a) 中心架   (b) 跟刀架

图 6-9 中心架和跟刀架

中心架固定在车床导轨上，由上下两部分组成。上半部分可以翻转，以便放入工件。中心架内有三个可以调节的径向支爪，支爪一般都是铜质的。

跟刀架固定在床鞍上并随床鞍一起移动。跟刀架有两个（或三个）支爪，车刀装在这些支爪的对面稍微靠前的位置，并依靠背向力及工件的自重作用使工件紧靠在支爪上。

6.1.5　车刀

常用车刀种类、形状及用途见表 6-2。

表 6-2　车刀的种类及应用

车刀种类	焊接式车刀	机夹车刀	应用	车削示例
90°车刀（偏刀）			车削工件的外圆、台阶和端面	
75°车刀			车削工件的外圆和端面	

车刀种类	焊接式车刀	机夹车刀	应用	车削示例
45°车刀 （弯头车刀）	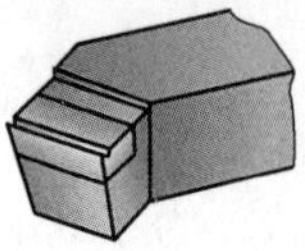		车削工件的外圆、端面或进行 45°倒角	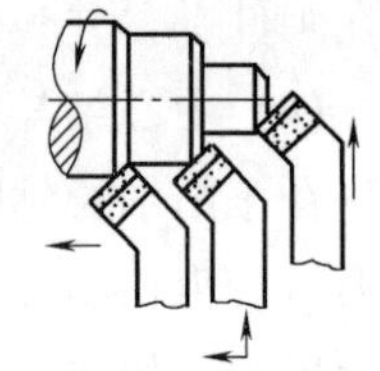
切断刀	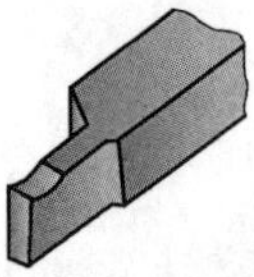		切断或在工件上车槽	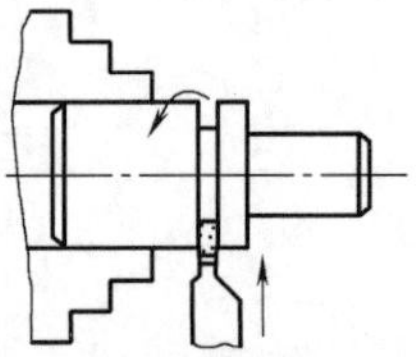
内孔车刀	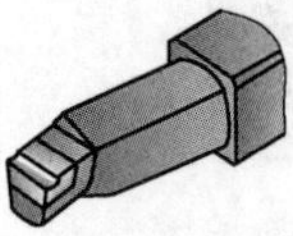	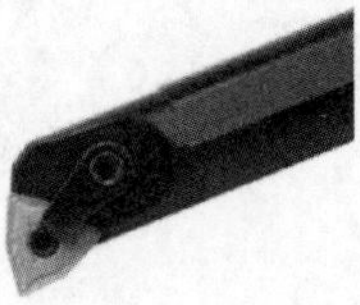	车削工件的内孔	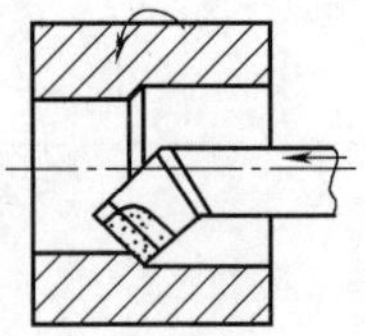
成形车刀	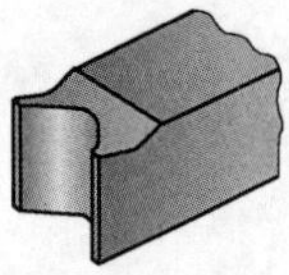		车削工件的圆弧面或成形曲面	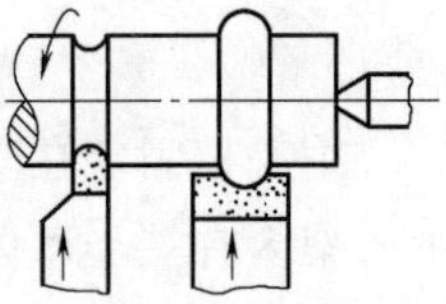
螺纹车刀	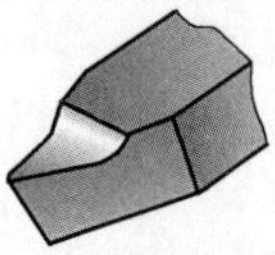		车削螺纹	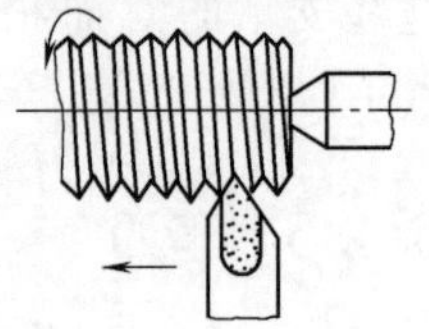

6.2 车削工艺方法

6.2.1 车外圆、端面及槽

（1）车外圆

外圆车削是通过工件旋转和车刀做纵向进给运动来实现的。工件常采用卡盘、顶尖等夹具装夹。常用的外圆车刀有：45°弯头车刀、75°外圆车刀、90°偏刀。

根据车刀的几何形状、切削用量及精度要求，外圆车削可分为粗车、半精车、精车和精细车。外圆表面的切削步骤如表 6-3 所示。

⊡ 表 6-3　外圆表面的切削步骤

步骤	目的	常用刀具	夹具	切削用量	精度
粗车	改变毛坯的不规则形状,提高生产率	75°外圆粗车刀或90°偏刀	卡盘、顶尖、拨盘、鸡心夹头等	切削速度 v_c 较低,$a_p = 2 \sim 5\text{mm}$,$f = 0.3 \sim 0.6\text{mm/r}$	IT12～IT10
半精车	提高粗车后的表面精度和质量	可选较大角度的 γ_o、α_o、λ_s 为正的精车刀	卡盘、顶尖、拨盘、鸡心夹头等	为以后工序留 $0.2 \sim 1\text{mm}$ 的余量	IT10～IT9
精车	保证尺寸和形位精度,尽量减少工艺系统变形	低速精车时选用高速钢宽刃精车刀;高速精车时选用硬质合金车刀	卡盘、顶尖、拨盘、鸡心夹头等	切削速度 v_c 高,$a_p < 0.15\text{mm}$,$f < 0.1\text{mm/r}$	IT9～IT8
精细车	进一步提高加工质量	金刚石刀具	卡盘、顶尖、拨盘、鸡心夹头等	切削速度 v_c 较高(可达 160m/min),背吃刀量小,$f < 0.02 \sim 0.1\text{mm/r}$	IT6～IT5

(2) 车端面

车端面时,工件做回转主运动,车刀做垂直于工件轴线的横向进给运动。车端面常用的刀具有90°偏刀、75°外圆车刀或45°弯头车刀。车端面时,刀尖必须保证与工件轴线等高,否则端面中心会留下凸起的剩余材料。为了防止床鞍因间隙或误操作发生纵向位移而影响端面的平面度,应锁定床鞍的位置。

用90°偏刀车端面时,车刀由工件外缘向中心进给,若背吃刀量 a_p 较大,切削抗力会使车刀扎入工件而形成凹面,如图6-10(a)所示;如果切削余量较大,此时可改从中心向外缘进给,但背吃刀量 a_p 较小,如图6-10(b)所示。用45°弯头车刀车端面,可由工件外缘向中心车削,如图6-10(c)所示,也可由中心向外缘车削,如图6-10(d)所示。75°端面车刀的刀头强度高,适用于大背吃刀量、大端面的车削。

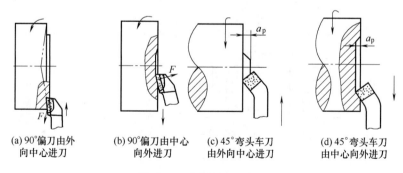

| (a) 90°偏刀由外向中心进刀 | (b) 90°偏刀由中心向外进刀 | (c) 45°弯头车刀由外向中心进刀 | (d) 45°弯头车刀由中心向外进刀 |

图 6-10　车削端面的方法

(3) 车槽

在车床上可以车外槽、内槽和端面槽,其工作原理如图6-11所示。车槽时工件的装夹与车外圆相同。切削速度与车外圆相同,进给量根据刀刃宽度和工件刚度适当选择,以不产生振动为宜。车外圆沟槽的方法见表6-4。

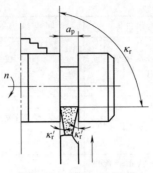

图 6-11 车槽工作原理

⊡ 表 6-4 车外圆沟槽的方法

方法	图例	说明
直进法车矩形槽		车精度不高且宽度较窄的矩形槽时，可用刀宽等于槽宽的切断刀，采用直进法一次进给车出
宽矩形槽的车削		车削较宽的矩形槽时，可用多次直进法车削，并在槽壁两侧留有精车余量，然后根据槽深和槽宽精车至尺寸要求
圆弧形槽的车削		车削较小的圆弧形槽时一般以成形刀一次车出。较大的圆弧形槽可用双手联动车削，用样板检查及修整
V 形槽的车削	(a) 车直槽 (b) 用V形刀左右切削	车削较小的 V 形槽时，一般用成形刀一次车削完成。较大的 V 形槽通常先车削成直槽，然后再用 V 形车刀左右切削成 V 形槽

6.2.2 车圆锥面

(1) 圆锥体的组成

圆锥体的组成如图 6-12 所示。D 为圆锥大端直径，d 为圆锥体小端直径，L 为锥体部分长度（圆锥大端直径与圆锥小端直径间的垂直距离），α 为圆锥角（圆锥角是在通过圆锥轴线的截面内，两条素线的夹角），α/2 为圆锥半角，C 为锥度（圆锥大、小端直径之差与长度之比），锥度一般用比例或分数形式表示，如 1：7 或 1/7，公式表达为：

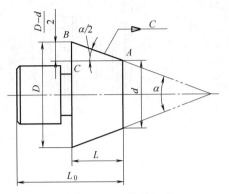

图 6-12　圆锥体的组成

$$C = \frac{D - d}{L}$$

(2) 车外圆锥体的方法

车削圆锥必须满足的条件是：刀尖与工件轴线必须等高；刀尖在进给运动中的轨迹是一直线，且该直线与工件轴线的夹角等于圆锥半角 α/2。在车床上车削外圆锥的方法主要有四种。

① 宽刃刀车削法　宽刃刀车圆锥面，实质上属于成形法车削，即用成形刀具对工件进行加工。它是在车刀装夹时，把主切削刃与主轴轴线的夹角调整到与工件的圆锥半角 α/2 相等后，采用横向进给的方法加工出外圆锥面，如图 6-13 所示。宽刃刀车外圆锥面时，切削刃必须平直，应取刃倾角 $\lambda_s = 0°$，车床、刀具和工件等组成的工艺系统必须具有较高的刚度，而且背吃刀量应小于 0.1mm，切削速度宜低些，否则容易引起振动。宽刃刀车削法主要适用于较短圆锥面的精车工序。当工件的圆锥表面长度大于切削刃长度时，可以采用多次接刀的方法加工，但接刀处必须平直。

② 转动小滑板法　将小滑板沿顺时针或逆时针方向偏转一个等于圆锥半角 α/2 的角度，使车刀沿小滑板导轨的运动轨迹与所需加工圆锥在水平轴平面内的素线平行，配合双手不间断地均匀转动小滑板手柄，车出圆锥，如图 6-14 所示。转动小滑板法车圆锥只适用于单件、小批量生产。

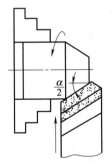

图 6-13　宽刃刀车圆锥

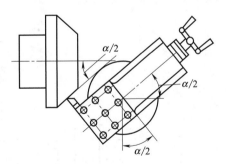

图 6-14　转动小滑板法车外圆锥

③ 偏移尾座法。将尾座上滑板横向偏移一个距离 S，使前、后两顶尖连线与车床主轴轴线相交成一个等于圆锥半角 α/2 的角度，工件用两顶尖装夹，当床鞍带着车刀沿着平行于主轴轴线方向移动切削时，即可车出圆锥角为 α 的外圆锥，如图 6-15 所示，图中 AB 为水平中心线，AC 为倾斜后中心线。

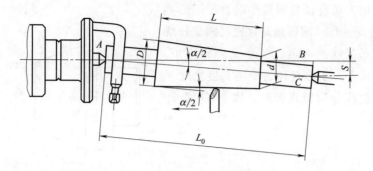

图 6-15 偏移尾座车外圆锥

尾座横向偏移的距离 S 按下式计算:

$$S \approx L_0 \tan \frac{\alpha}{2} = L_0 \times \frac{D-d}{2L} \quad \text{或} \quad S = \frac{C}{2} L_0$$

式中 S——尾座偏移量,mm;

     L_0——工件全长(或两顶尖间距离),mm;

     α——圆锥角,(°);

     D——最大圆锥直径,mm;

     d——最小圆锥直径,mm;

     L——圆锥长度,mm;

     C——圆锥锥度。

    偏移尾座法车圆锥适宜于加工锥度小、锥体较长、精度不高的外圆锥,受尾座偏移量的限制,不能加工锥度较大的圆锥。

    ④ 仿形(靠模)法   使用靠模装置,使车刀在纵向进给的同时,相应做横向进给,由两个方向进给的合成运动使车刀刀尖的轨迹与工件轴线所成的夹角等于圆锥半角 $\alpha/2$,即可车出圆锥,如图 6-16 所示,图中 A、D 为滑块中心,B、C 为刀架中心。

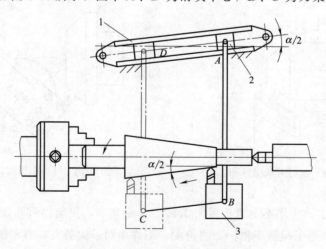

图 6-16 仿形(靠模)法车圆锥

1—靠模;2—滑块;3—刀架

靠模法可以机动进给车削内、外圆锥，锥体长或短不受太大的限制，均可车削。但不能车削较大圆锥角的工件，一般圆锥半角 $\alpha/2$ 应小于 $12°$。

6.2.3　车特形面

用成形车刀或用车刀按成形法或仿形法等车削工件的特形面称为车特形面。在车床上加工的特形面都是工件表面素线为曲线的回转面。常见的特形面有圆球面、橄榄形曲面等，如图 6-17 所示。

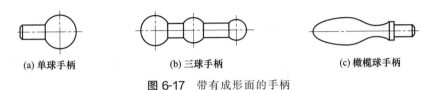

(a) 单球手柄　　　　　(b) 三球手柄　　　　　(c) 橄榄球手柄

图 6-17　带有成形面的手柄

特形面的车削方法主要有双手控制法、成形法和仿形法，本书简要介绍前两种方法。

（1）双手控制法

使用普通车刀，用双手控制中滑板、小滑板或者控制中滑板与床鞍的合成运动，使刀尖的运动轨迹与工件表面素线形状相吻合，从而实现特形面的车削，如图 6-18 所示。车削过程中应随时用成形样板检验，并进行修整。

（2）成形法

成形法即成形车刀（样板车刀）车削法。成形车刀的切削刃形状与工件表面素线形状吻合，车削特形面时，工件做回转运动，样板车刀只做横向进给运动，如图 6-19 所示。用成形车刀车削，其切削刃与工件表面的接触线较长，切削时容易引起振动，因此工件转速应低，进给量应小。

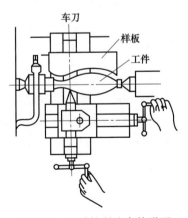

图 6-18　双手控制法车特形面

图 6-19　成形刀车削法
1—工件；2—成形车刀

6.2.4　车螺纹

螺纹的加工方法很多，其中车削是最常用的方法之一。下面以应用最普遍的牙型角 α 为 $60°$ 的三角形螺纹为例，介绍螺纹车削的要点。

(1) 螺纹车刀

螺纹车刀按其切削部分材质不同有高速钢螺纹车刀和硬质合金螺纹车刀两种。图 6-20 所示为高速钢三角形外螺纹车刀。图 6-21 所示为硬质合金三角形外螺纹车刀。

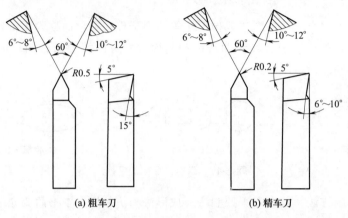

(a) 粗车刀　　　　　　　(b) 精车刀

图 6-20　高速钢三角形外螺纹车刀

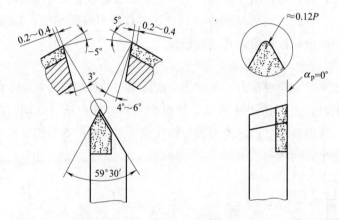

图 6-21　硬质合金三角形外螺纹车刀

螺纹车刀的刀尖角 ε_r 等于牙型角 α，车普通螺纹时，$\varepsilon_r = 60°$。螺纹车刀的背前角 γ_p 一般为 $0°\sim15°$。粗车时，为了切削顺利，背前角可取得大一些，$\gamma_p = 5°\sim15°$。精车时，为了减小对牙型角的影响，背前角应取得小一些，$\gamma_p = 0°\sim5°$。背前角 γ_p 对牙型角的影响较大，γ_p 越大，车刀前面上的刀尖角 ε_r' 就越小。当 $\gamma_p = 10°\sim15°$ 时，ε_r' 约为 $59°$；当 $\gamma_p = 0°$ 时，$\varepsilon_r' = \varepsilon_r = 60°$。

(2) 螺纹车刀的装夹

装夹螺纹车刀时，车刀刀尖应与车床主轴轴线等高，螺纹车刀两刀尖半角的对称中心线应与工件轴线垂直，装刀时可用螺纹对刀样板校正，如图 6-22 所示。如果对刀不准，将车刀装歪，会使车出的螺纹两牙型半角不相等，产生歪斜牙型（俗称倒牙）。

外螺纹车刀伸出刀架的长度不宜过长，一般为刀柄厚度的 1.5 倍，为 $25\sim30$mm。内螺纹车刀伸出刀架的长度大于内螺纹长度 $10\sim20$mm，装夹好的内螺纹车刀应手动在螺纹底孔内试走一次，检查刀柄是否与底孔相撞，如图 6-23 所示。

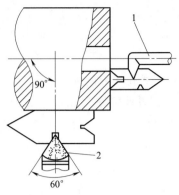

图 6-22　用样板安装螺纹车刀

1—内螺纹车刀；2—外螺纹车刀

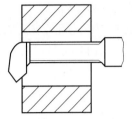

图 6-23　检查刀柄是否与底孔相撞

（3）螺距或导程的调整

为了保证工件每回转一周，车刀沿轴向移动一个螺距 P 或导程 P_h，必须使车床丝杠的转速 $n_{丝}$ 与工件的转速 $n_{工}$ 之比值等于工件的螺距 $P_工$（或导程 $P_{h工}$）与丝杠螺距 $P_{丝}$ 的比值，即：

$$\frac{n_{丝}}{n_{工}}=\frac{P_工}{P_{丝}}\left(或\frac{P_{h工}}{P_{丝}}\right)$$

调整时，应根据螺距或导程的大小，查看车床进给箱上的铭牌，确定交换齿轮箱内交换齿轮的齿数，并按此要求挂好各齿轮，然后调整进给箱上各手柄到规定位置。螺纹正式车削前应先试进给，检查螺距或导程是否正确。

（4）车削方法

螺纹车削需要经过多次进刀和重复进给才能完成。螺距越大，进刀次数越多。每次进给时，必须保证车刀刀尖对准已车出的螺旋槽；否则已车出的牙型就可能被切去而使螺纹损坏，工件报废，这种现象称为乱牙。

粗车螺纹第一刀、第二刀时，车刀刚切入工件，总切削面积不大，可以选择较大的背吃刀量，以后每次进给的背吃刀量应逐步减小，精车时更小，以获得较高的螺纹表面质量。常采用的螺纹车削方法有提开合螺母法和开倒顺车法两种。

① 提开合螺母法车螺纹　每次进给终了时，横向退刀，同时提起开合螺母手柄，使开合螺母断开，然后手动将溜板箱返回起始位置，调整好背吃刀量后，压下开合螺母手柄，使开合螺母闭合，再次进给车削螺纹。如此重复循环使总背吃刀量等于牙型高度、螺纹符合规定要求为止。车削过程中，每次提起、压下开合螺母手柄时应果断、有力。

这种方法车削螺纹可以节省车刀回程的辅助时间及减少丝杠的磨损，但只能用于车床丝杠螺距是工件螺纹螺距的整数倍时（不致产生乱牙现象）。

② 开倒顺车法车螺纹　每次进给终了时，先快速横向退刀，随后开反车使工件和丝杠都反转，丝杠驱动溜板箱返回起始位置时，调整背吃刀量，改为正车重复进给。

采用这种方法车削螺纹时，开合螺母始终与丝杠啮合，车刀刀尖相对工件的运动轨迹不变，即使丝杠螺距不是工件螺距的整数倍，也不会产生乱牙现象。但车刀回程时间较长，生产效率低，且丝杠容易磨损。

6.2.5 车孔

(1) 内孔车刀的种类

根据不同的加工情况，内孔车刀可分为通孔车刀和不通孔车刀两种。

① 通孔车刀 通孔车刀切削部分的几何形状基本上与外圆车刀相似，如图 6-24 所示。为减小径向切削抗力，防止车孔时振动，主偏角应取得大些，一般 $\kappa_r = 60° \sim 75°$；副偏角 $\kappa_r' = 15° \sim 30°$。为防止内孔车刀后面和孔壁的摩擦，同时使后角不至于磨得太大，一般磨成两个后角，如图 6-24 中的旋转剖视，其中 α_{o1} 取 $6° \sim 12°$，α_{o2} 取 $30°$ 左右。

② 不通孔车刀 不通孔车刀用于车削不通孔或台阶孔，其切削部分的几何形状基本上与偏刀相似，如图 6-25 所示。不通孔车刀的主偏角大于 $90°$，一般 $\kappa_r = 92° \sim 95°$。后角要求与通孔车刀相同。不通孔车刀刀尖到刀柄外侧的距离 a 应小于孔的半径 R，否则无法车平底孔的底面。

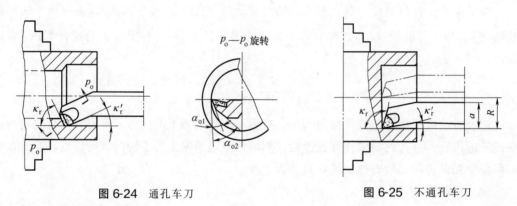

图 6-24 通孔车刀   图 6-25 不通孔车刀

(2) 车孔的关键技术

车孔的关键技术是解决内孔车刀的刚度和排屑问题。

① 增加内孔车刀的刚度

a. 尽可能增加刀柄的截面积。一般内孔车刀的刀尖位于刀柄的上面，刀柄的截面积较小，仅有刀孔截面积的 1/4 左右 [图 6-26 (a)]；如果使内孔车刀的刀尖位于刀柄的中心线上，这样刀柄的截面积可达到最大程度 [图 6-26 (b)]；内孔车刀的后面如果刃磨成一个大后角 [图 6-26 (c)]，刀柄的截面积必然减小；如果刃磨成两个后角 [图 6-26 (d)]，或将后面磨成圆弧状，则既可防止内孔车刀的后面和孔壁摩擦，又可使刀柄的截面积增大。

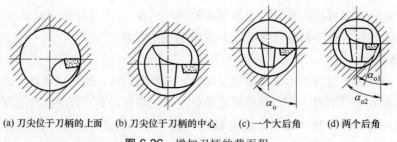

(a) 刀尖位于刀柄的上面   (b) 刀尖位于刀柄的中心   (c) 一个大后角   (d) 两个后角

图 6-26 增加刀柄的截面积

b. 减小刀柄的伸出长度。刀柄伸出越长，内孔车刀刚度越低，越容易引起振动。刀柄伸出长度只要略大于孔深即可。图6-27所示为一种刀柄长度可调节的内孔车刀。

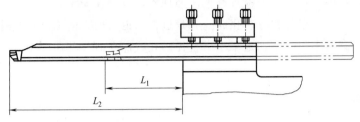

图6-27　可调节的内孔车刀

　　② 控制切屑流向　解决排屑问题主要是控制切屑流出方向。精车孔时要求切屑流向待加工表面（前排屑），为此，采用正刃倾角的内孔车刀（图6-28）。车削不通孔时采用负的刃倾角，使切屑向孔口方向排出，如图6-29所示。

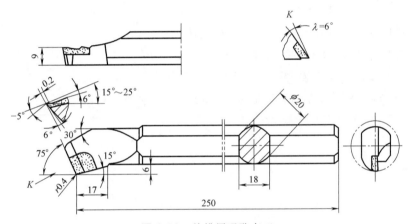

图6-28　前排屑通孔车刀

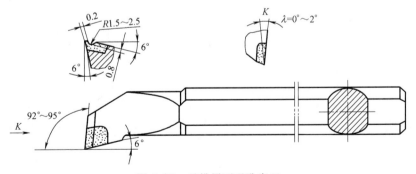

图6-29　后排屑不通孔车刀

(3) 车孔方法

　　装夹内孔车刀时应使内孔车刀刀柄与工件轴线基本平行，否则在车削到一定深度时刀柄的后半部分容易碰到工件孔口。车通孔和台阶孔时，内孔车刀的刀尖应与工件中心等高或稍高，如果刀尖低于工件中心，车削时在切削抗力作用下，容易将刀柄压低而产生扎刀现象，并可造成孔径扩大。车削平底不通孔时，车刀刀尖必须对准工件中心，且必须满足不通孔车刀刀尖到刀柄外侧的距离 a 小于孔的半径 R 的条件，否则无法车完孔底平面。内孔车刀伸出刀架的长度一般比被加工孔长 5～10mm，不宜过长。内孔车刀装夹好后，在车孔前应先在孔内试走一遍，检查有无碰撞现象，以确保安全。

车孔方法基本上与车外圆方法相同，只是进刀与退刀的方向相反。此外，车孔时的切削用量应比车外圆时小些，特别是车小（直径）孔或深孔时，其切削用量应更小。

课后练习

（1）CA6140 型卧式车床主要由哪些部件组成？各有何作用？

（2）CA6140 型卧式车床的车削运动有哪些？

（3）车床的加工范围有哪些？

（4）常见的车床通用夹具有哪些？各有何用途？

（5）常用车刀有哪些？各有何用途？

（6）外圆车削分为哪几步？每步的目的是什么？

（7）车削外圆锥的方法主要有哪些？

（8）螺纹车刀的装夹应注意什么事项？

（9）常采用的螺纹车削方法有哪几种？简述各自的操作要点。

（10）车孔的关键技术有哪些？

第**7**章

铣削与镗削

学习目标

（1）了解卧式升降台铣床与立式升降台铣床的结构。

（2）了解铣床的加工范围以及工艺装备的用途。

（3）了解铣削方式及常用表面的铣削方法。

（4）了解镗床结构及常用镗削方法。

7.1 铣削

铣削是以铣刀的旋转运动为主运动，以工件或铣刀的移动为进给运动的切削加工方法。铣削加工经济精度一般为 IT9～IT7，表面粗糙度 Ra 值一般为 $12.5～1.6\mu m$；精细铣削精度可达 IT5，表面粗糙度 Ra 值可达到 $0.20\mu m$。

7.1.1 铣床

铣床种类很多，常用的有卧式升降台铣床、立式升降台铣床等。

（1）卧式升降台铣床

如图 7-1 所示为卧式升降台铣床，其主轴位置是水平布置的，习惯上称为"卧铣"。床身固定在底座上，用于安装和支承机床各部件。床身内装有主运动变速传动机构、主轴部件以及操纵结构等。床身顶部的导轨上装有悬梁，可沿主轴轴线方向调整其前后位置，悬梁上装有刀杆支架，用于支承刀杆的悬伸端。升降台安装在床身的垂直导轨上，可垂直上下移动，升降台内装有进给运动变速传动机构及操纵机构等。升降台水平导轨上的床鞍可沿平行于主轴轴线方向（横向）移动。工作台可沿垂直于主轴轴线方向（纵向）移动。

卧式升降台铣床主要用于加工平面、沟槽和成形表面，适于单件和成批生产。

（2）立式升降台铣床

立式升降台铣床与卧式升降台铣床的主要区别在于它的主轴是垂直安装的，用立铣头代替卧式升降台铣床的水平主轴、悬梁、刀杆及其支承部分，其他部分与卧式升降台铣床相似。图 7-2 所示为立式升降台铣床外形图。

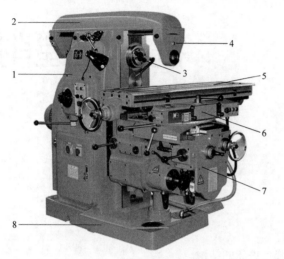

图 7-1　卧式升降台铣床

1—床身；2—悬梁；3—主轴；4—悬梁支架；

5—工作台；6—滑鞍；7—升降台；8—底座

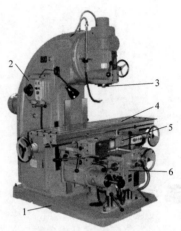

图 7-2　立式升降台铣床

1—底座；2—床身；3—主轴；

4—工作台；5—滑鞍；6—升降台

立式升降台铣床可用于加工平面、沟槽、台阶，旋转立铣头可铣削斜面。若机床上采用分度头或圆形工作台，还可以铣削齿轮、凸轮以及铰刀和钻头等的螺旋面。在模具加工中，立式铣床最适宜加工模具型腔和凸模成形表面。

7.1.2　铣床的加工范围

在铣床上使用各种不同的铣刀，可以完成平面（平行面、垂直面、斜面）、台阶、槽（直角槽、V 形槽、T 形槽、燕尾槽等）、特形面和切断等加工；配合分度头等铣床附件，还可以完成花键轴、齿轮、螺旋槽等加工。在铣床上还可以进行钻孔、铰孔和铣孔等工作。表 7-1 为铣削加工的典型内容。

⊡ **表 7-1　铣削加工的典型内容**

周铣平面	端铣平面	铣直角沟槽

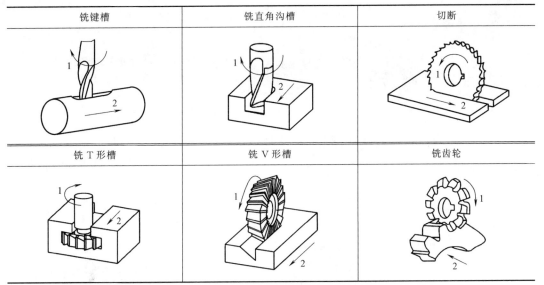

铣键槽	铣直角沟槽	切断
铣 T 形槽	铣 V 形槽	铣齿轮

注：1—主运动，2—进给运动。

7.1.3 铣床的工艺装备

(1) 铣床常用夹具和工具

铣床常用的夹具、工具的结构及用途见表 7-2。

⊡ 表 7-2 常用铣床夹具和工具

名称	结构	用途
机用虎钳		机用虎钳是一种通用夹具，安装在机床工作台上，用来夹持工件进行切削加工。机用虎钳适合装夹以平面定位和夹紧的板类零件、矩形零件以及轴类零件，常用于装夹小型工件
万能分度头		利用分度刻度环、游标、定位销和分度盘以及交换齿轮，将装夹在顶尖间或卡盘上的工件进行圆周等分、角度分度、直线移距分度。辅助机床利用各种不同形状的刀具进行各种多边形、花键、齿轮等的加工工作，并可通过配换齿轮与工作台纵向丝杠连接，可加工螺纹、等速凸轮等，从而扩大了铣床的加工范围
回转工作台		又称为圆转台，它带有可转动的回转工作台台面，用以装夹工件并实现回转和分度定位。主要用于在其圆工作台面上装夹中、小型工件，进行圆周分度和作圆周进给铣削回转曲面，如制作有角度、分度要求的孔或槽、工件上的圆弧槽、圆弧外形等

名称	结构	用途
压板、垫铁	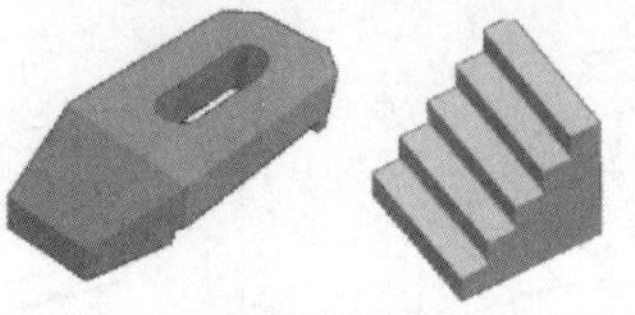	外形尺寸较大或不便用机用虎钳装夹的工件,常用压板及垫铁将其压紧在铣床工作台面上进行装夹
V形架		与压板配合使用,主要用于在铣床工作台面上安装轴类工件
万能铣头		安装于卧式铣床主轴端,由铣床主轴驱动立铣头主轴回转,使卧式铣床起立式铣床的功用,从而扩大了卧式铣床的工艺范围
铣刀杆	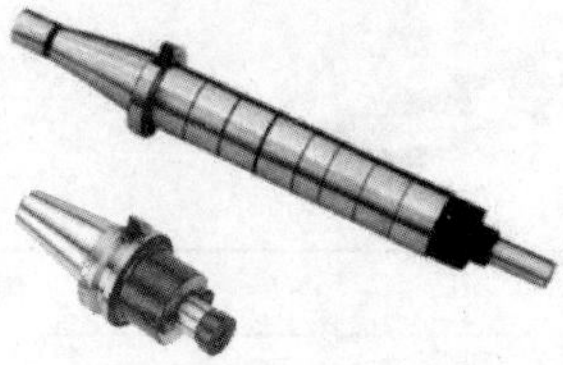	安装于卧式铣床主轴端,用来安装圆柱铣刀、三面刃铣刀等盘形铣刀
端铣刀盘		安装于卧式铣床或立式铣床主轴端,用来安装端铣刀头,铣削平面
铣夹头		安装于卧式铣床或立式铣床主轴端,用来安装直柄立铣刀、直柄键槽铣刀等,铣削各种沟槽等
锥套		安装于卧式铣床或立式铣床主轴端,用于安装锥柄立铣刀、锥柄键槽铣刀等

(2) 铣刀

常用铣刀的结构及用途见表 7-3。

▣ 表 7-3　常用铣刀

名称	结构	用途
端铣刀	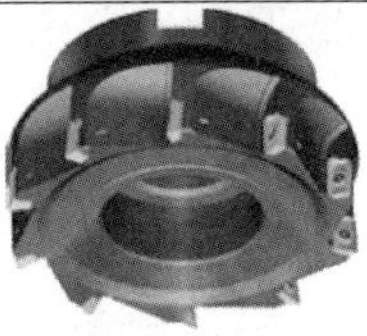	端铣刀的圆周表面和端面上分布有切削刃,常用于立式铣床上加工平面
立铣刀		立铣刀的刀齿分布在圆柱面和端面上,其形式很像带柄的端铣刀,用途较为广泛,可以用于铣削各种形状的槽和孔、台阶平面和侧面、各种盘形凸轮与圆柱凸轮、内外曲面等
键槽铣刀		键槽铣刀是专门加工键槽用的立铣刀,它与一般立铣刀的不同之处在于只有两个刀齿,以保证刀齿有足够的强度和较大的容屑空间。键槽铣刀主要用于铣削键槽
圆柱铣刀		圆柱铣刀用于卧式铣床上加工平面。刀齿分布在铣刀的圆周上,按齿形分为直齿和螺旋齿两种
三面刃铣刀		三面刃铣刀除圆周表面具有主切削刃外,两侧面也有副切削刃。三面刃铣刀分直齿、错齿和镶齿等几种,用于铣削各种槽、台阶平面、工件的侧面及凸台平面
锯片铣刀		锯片铣刀既是锯片也是铣刀。锯片铣刀用于铣削各种窄槽,以及对板料或型材的切断
齿轮铣刀		齿轮铣刀用于铣削齿轮及齿条

7.1.4 铣削加工

(1) 铣削用量与选择

① 铣削用量 铣削用量的要素包括铣削速度 v_c、进给量 f、背吃刀量 a_p 和铣削宽度 a_e。图 7-3 所示为用圆柱形铣刀进行周铣及用端铣刀进行端铣时的铣削用量。铣削用量的定义、单位及说明见表 7-4。

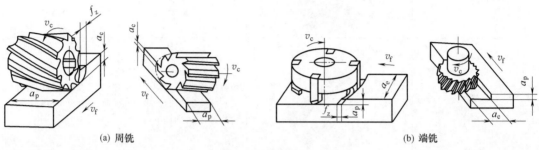

(a) 周铣   (b) 端铣

图 7-3　铣削用量

⊡ 表 7-4　铣削用量的定义、单位及说明

铣削用量	定义	单位	说明
铣削速度 v_c	铣削时铣刀切削刃上选定点相对于工件主运动的瞬时速度称铣削速度	m/min	铣削速度为：$$v_c = \frac{\pi dn}{1000}$$ 式中 v_c——铣削速度，m/min；d——铣刀直径，mm；n——铣刀或铣床主轴转速，r/min
进给量 f	铣刀每回转一周，在进给运动方向上相对于工件的位移量，又称为每转进给量 f	mm/r	三种进给量的关系为：$$v_f = fn = f_z zn$$ 式中 v_f——进给速度，mm/min；f_z——每齿进给量，mm/z；n——铣刀或铣床主轴转速，r/min；z——铣刀齿数
背吃刀量 a_p	是指在平行于铣刀轴线方向上测得的切削层尺寸	mm	铣削时，由于采用的铣削方法和选用的铣刀不同，背吃刀量 a_p 和铣削宽度 a_e 的表示也不同
铣削宽度 a_e	在垂直于铣刀轴线方向、工件进给方向上测得的切削层尺寸	mm	

② 铣削用量的选择原则 在保证加工质量，降低加工成本和提高生产效率的前提下，选择铣削用量的原则是铣削宽度 a_e（或背吃刀量 a_p）、进给量 f、铣削速度 v_c 的乘积最大。这时工序的切削工时最少。在机床动力和工艺系统刚度允许并具有合理的刀具寿命的条件下，粗铣时按铣削宽度 a_e（或背吃刀量 a_p）、进给量 f、铣削速度 v_c 的次序选择和确定铣削用量，以尽快地去除工件的加工余量。在确定铣削用量时，应尽可能地选择较大的铣削宽度 a_e（或背吃刀量 a_p），然后按所允许的工艺装备和技术条件选择较大的每齿进给量 f_z，最后根据铣刀使用寿命选择允许的铣削速度 v_c。

（2）铣削方式

① 周铣与端铣　根据铣刀在切削时刀刃与工件接触的位置不同，铣削方法分为周铣、端铣以及周铣与端铣同时进行的混合铣，见表 7-5。

▫ 表 7-5　周铣与端铣

铣削方法	概念	图例		特点
		卧铣	立铣	
周铣	用分布在铣刀圆周面上的刀刃铣削并形成已加工表面	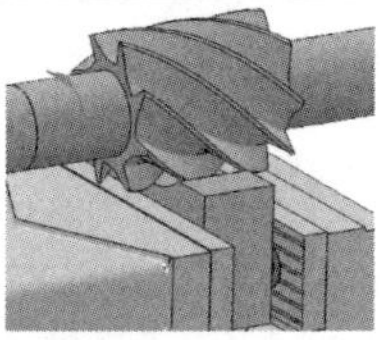	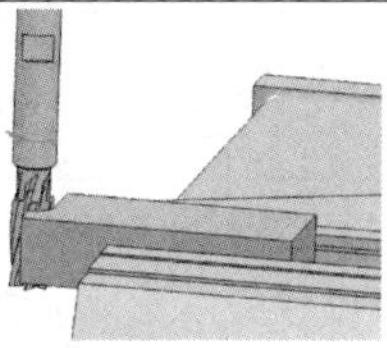	铣刀的旋转轴线与工件被加工表面平行
端铣	用分布在铣刀端面上的刀刃铣削并形成已加工表面	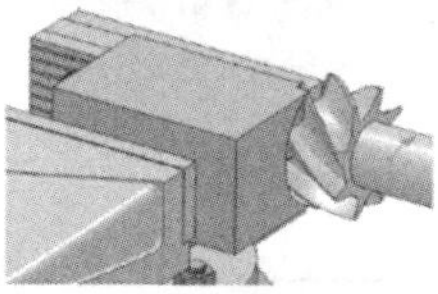	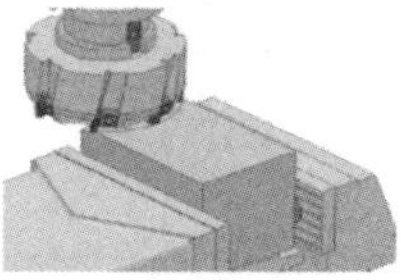	铣刀的旋转轴线与工件被加工表面垂直
混合铣	铣削时，铣刀的圆周刃与端面刃同时参与切削			工件上会同时形成两个或两个以上的已加工表面

与周铣相比，端铣有以下优点：

a. 端铣刀的副切削刃对已加工表面有修光作用，能使表面粗糙度值降低，周铣的工件表面则有波纹状残留面积。

b. 同时参加切削的端铣刀齿数较多，切削力的变化程度较小，因此工作时振动比周铣更小。

c. 端铣刀的主切削刃刚接触工件时，切削厚度不等于零，使切削刃不易磨损。

d. 端铣刀的刀杆伸出较短，刚度高，刀杆不易变形，可选用较大的切削用量。

由此可见，端铣的加工质量和生产效率较高，所以铣削平面大多采用端铣。但是，周铣对加工各种型面的适应性较广泛，而有些型面（如成形面等）则不能用端铣。

② 顺铣和逆铣　根据铣刀切削部位产生的切削力与进给方向间的关系，周铣有顺铣和逆铣两种方式，其特点与应用见表 7-6。

▫ 表 7-6　周边铣削的方式

铣削方式	图示	概念	特点
顺铣	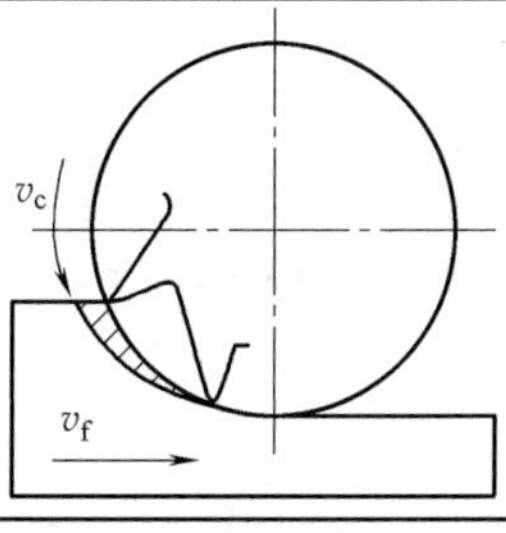	在铣刀与工件已加工面的切点处，铣刀旋转切削刃的运动方向与工件进给方向相同的铣削称为顺铣	每个刀齿的切削厚度由最大减小到零，同时铣削力将工件压向工作台，减少了工件振动的可能性，尤其铣削薄而长的工件更为有利。顺铣有利于提高刀具使用寿命和工件表面质量，以及增加工件夹持的稳定性，但容易引起工作台向前窜动，造成进给量突然增大，甚至引起打刀

铣削方式	图示	概念	特点
逆铣	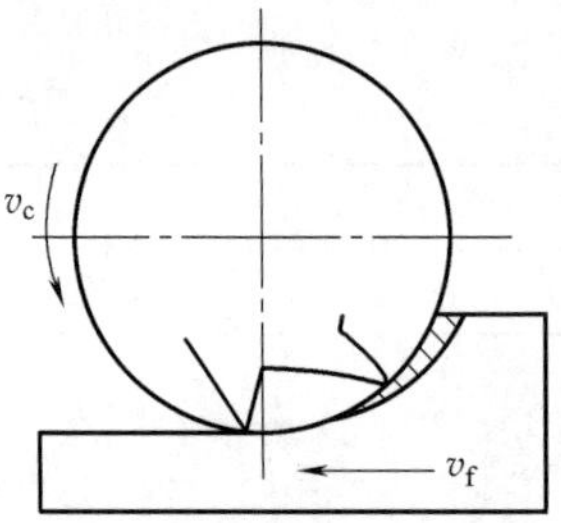	在铣刀与工件已加工面的切点处,铣刀旋转切削刃的运动方向与工件进给方向相反的铣削称为逆铣	水平分力与进给方向相反,不会引起工作台的窜动而造成打刀事故,故在生产中多采用逆铣方式。但是逆铣时刀齿与工件之间的摩擦力大,加速了刀具磨损,同时也使表面质量下降。逆铣时,铣削力会上抬工件,造成工件夹持不稳
逆铣与顺铣的应用	当工件表面无硬皮、机床进给机构无间隙时,应选用顺铣,按照顺铣安排进给路线。因为采用顺铣加工后,零件已加工表面质量高,刀齿磨损小。精铣时,尤其是零件材料为铝镁合金、钛合金或耐热合金时,应尽量采用顺铣。当工件表面有硬皮、机床进给机构有间隙时,应选用逆铣,按照逆铣安排进给路线。因为逆铣时刀齿从已加工表面切入,不会崩刃;机床进给机构的间隙不会引起振动和爬行		

③ 对称铣削和不对称铣削 端面铣削有对称铣削、不对称顺铣、不对称逆铣三种方式,见表7-7。

▣ **表7-7 端面铣削的方式**

铣削方式	图示	特点
对称铣削	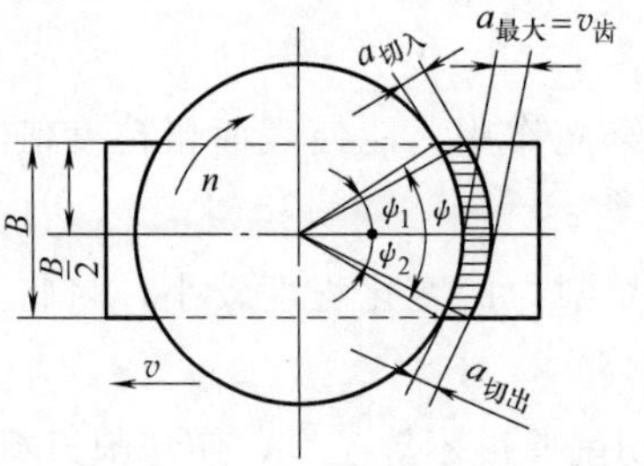	对称铣削时切入角等于切出角,一半是逆铣削,一半是顺铣削 工件相对于铣刀回转中心处于对称位置,具有最大的平均切削厚度,可避免铣刀切入时对工件表面的挤压、滑行,铣刀使用寿命长。在精铣机床导轨面时,可保证刀齿在加工表面冷硬层下铣削,能获得较高的表面质量
不对称逆铣	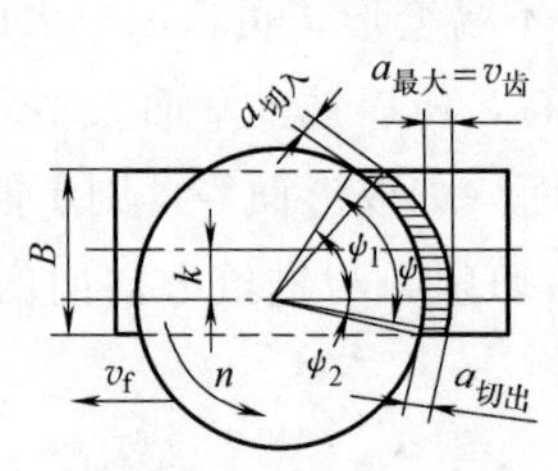	逆铣部分大于顺铣部分时,称为不对称逆铣 切削平稳,切入时切削厚度小,减小了冲击,从而可使刀具使用寿命得以延长,加工表面质量得到提高。适用于加工碳钢及低碳合金钢
不对称顺铣	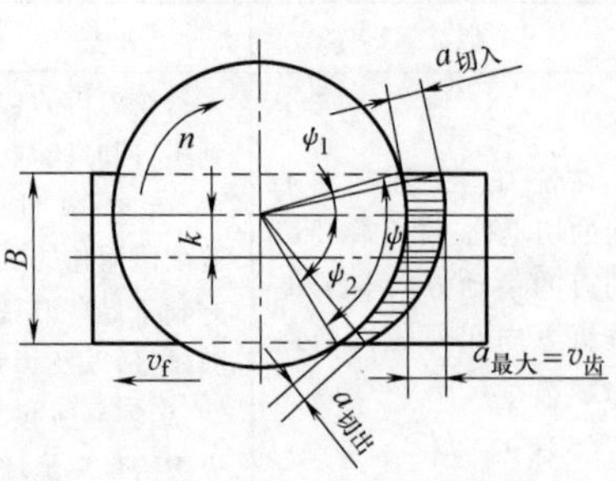	顺铣部分大于逆铣部分时,称为不对称顺铣 刀齿切出工件时,切削厚度较小,适用于切削强度低、塑性大的材料(如不锈钢、耐热钢等)

(3) 铣削加工方法

① 铣平面　铣水平面时可在卧式铣床上用圆柱铣刀来铣削，如图 7-4（a）所示，也可在立式铣床上用端铣刀来铣削，如图 7-4（b）所示。

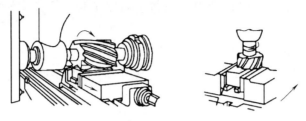

(a) 在卧式铣床上用圆柱铣刀铣水平面　　(b) 在立式铣床上用端铣刀铣水平面

图 7-4　铣水平面

在立式铣床上用端铣刀铣平面时，铣削比较平稳，可提高表面质量，因此最好在立式铣床上用端铣刀铣水平面。

② 铣垂直面　可用卧式铣床和立式铣床加工垂直面，如图 7-5 和图 7-6 所示。在立式铣床上铣垂直面是用立铣刀的圆周刀齿进行的。

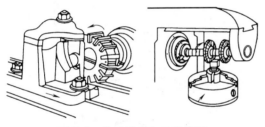

图 7-5　卧式铣床加工垂直面

图 7-6　用立铣刀铣垂直面

③ 铣倾斜面　先对工件需加工的斜面划线，然后在机床上用平口虎钳或在工作台上按划线调整工件，将斜面转到水平位置，将工件夹紧后进行铣削加工，也可以利用回转平口虎钳或分度头将工件安装成倾斜角度后铣斜面；还可在卧式铣床上用单角度铣刀或双角度铣刀铣倾斜面，如图 7-7（a）所示；或者在立式铣床上把主轴转动一个角度铣斜面，如图 7-7（b）所示。

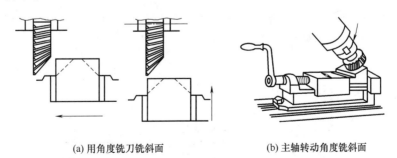

(a) 用角度铣刀铣斜面　　　　　(b) 主轴转动角度铣斜面

图 7-7　铣倾斜面

④ 组合铣削　铣削由水平面、垂直面或倾斜面所组成的表面时，大型工件可在龙门铣床上加工，小型工件则用组合铣刀或成形铣刀在卧式铣床上加工，如图 7-8 所示。

⑤ 切断与铣槽

a. 切断。一般用锯片铣刀在卧式铣床上进行切断，如图 7-9 所示。

b. 铣直槽。在卧式铣床上用盘铣刀铣直槽，如图 7-10 所示。

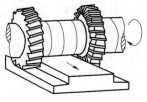

图 7-8 组合铣削

c. 铣键槽。在立式铣床上用立铣刀铣普通键槽，如图 7-11（a）所示。采用与键槽同直径、同厚度的专用铣刀铣半圆形键槽，如图 7-11（b）所示。

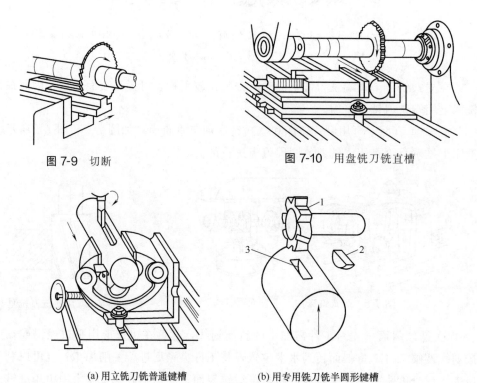

图 7-9 切断

图 7-10 用盘铣刀铣直槽

(a) 用立铣刀铣普通键槽

(b) 用专用铣刀铣半圆形键槽

图 7-11 铣键槽

1—半圆键槽铣刀；2—半圆键；3—半圆键槽

d. 铣 T 形槽。如图 7-12 所示，必须先用立铣刀或三面刃圆盘铣刀铣出直槽，然后在立式铣床上用 T 形槽铣刀铣出 T 形槽。

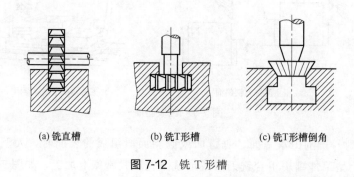

(a) 铣直槽

(b) 铣 T 形槽

(c) 铣 T 形槽倒角

图 7-12 铣 T 形槽

e. 铣螺旋槽。对于螺杆、螺旋齿轮等具有螺旋槽的零件，铣螺旋槽时需在卧式铣床上利用万能分度头进行铣削。螺旋运动是由工件旋转和工作台进给运动合成的，当工件旋转一周时，工作台移动的距离必须等于一个导程，如图 7-13 所示。加工时，工作台还应绕垂直轴转动 β 角，此角应等于螺旋线的螺旋角，而工作台转动的方向可根据螺旋槽方向而定，如图 7-14 所示。

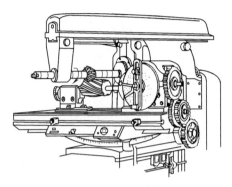

图 7-13　铣螺旋槽

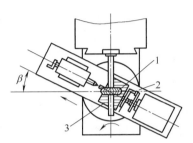

图 7-14　铣螺旋槽时工作台的转动

1—铣刀；2—工作台；3—工件

⑥ 铣曲线轮廓和成形表面

　　a. 铣曲线轮廓。曲线轮廓可以在立式铣床上用立铣刀依划线用手动进给铣削，也可用转台依划线铣削，如图 7-15 所示。还可以在立式铣床上按照靠模铣削。

　　b. 铣成形面。图 7-16 所示为用形状相似的成形铣刀铣成形表面示意图。其特点是必须制造专用的成形铣刀，因成本高，故只适用于批量生产。

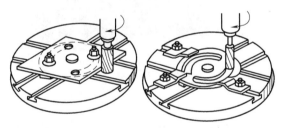

图 7-15　用转台依划线铣曲线轮廓

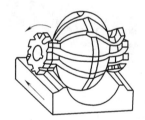

图 7-16　用成形铣刀铣成形面

7.2　镗削

　　镗削是指保持工件不动，通过切削刀具的旋转产生切削能量，使单刃切削刀具旋转，完成主要切削过程，形成不同大小、尺寸的孔的过程。镗刀旋转做主运动，工件或镗刀的移动做进给运动，如图 7-17 所示。镗削时，工件被装夹在工作台上，镗刀用镗刀杆或刀盘装夹，由主轴带动回转做主运动，主轴在回转的同时做轴向移动，以实现进给运动。

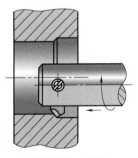

图 7-17　镗削

7.2.1 镗床

镗床可分为深孔镗床、坐标镗床、立式镗床、卧式铣镗床和精镗床等。下面主要介绍坐标镗床和卧式铣镗床。

(1) 坐标镗床

坐标镗床是一种高精度机床，主要用于对尺寸精度及位置精度要求很高的孔系进行加工。它的特点是具有测量坐标位置的精密测量装置，可以实现主轴或工作台的精密定位，并可在不使用任何刀具引导装置的前提下保证所加工孔与基准孔（或基面）间很高的位置精度。坐标镗床所加工的孔精度很高（一般为 IT3 级以上），并可得到很高的位置精度（定位精度为 0.002～0.01mm）。其工艺范围很广，除镗孔、钻孔、扩孔、铰孔、精铣平面、加工沟槽外，还可进行精密划线、刻线及孔距和直线尺寸的精密测量等工作。坐标镗床不仅可用于单件精密生产，还用于成批加工带有精密孔系的零件。

坐标镗床的类型很多，按其布局形式分为单柱、双柱和卧式三种类型。图 7-18 所示为立式单柱坐标镗床，图 7-19 所示为立式双柱坐标镗床。

图 7-18 立式单柱坐标镗床

图 7-19 立式双柱坐标镗床

(2) 卧式铣镗床

镗轴水平布置并可轴向进给、主轴箱沿前立柱导轨垂向移动、能进行铣削的镗床称为卧式铣镗床，如图 7-20 所示。卧式铣镗床是镗床中应用最广泛的一种，可进行钻孔、扩

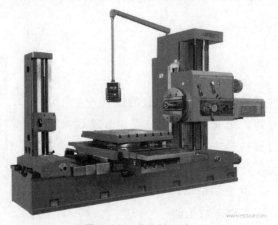

图 7-20 卧式铣镗床

孔、镗孔、铰孔、锪平面及铣削等工作，同时机床带有固定的平旋盘，平旋盘中的滑块可做径向进给，因此，能镗削较大尺寸的孔以及车外圆、平面、切槽等。

7.2.2　镗削的加工范围

镗削主要用于加工箱体、支架和机座等工件上的圆柱孔、螺纹孔、孔内沟槽和端面，当采用特殊附件时，也可加工内外球面、锥孔等。镗削常见加工内容见表 7-8。

⊡ 表 7-8　镗削常见加工内容

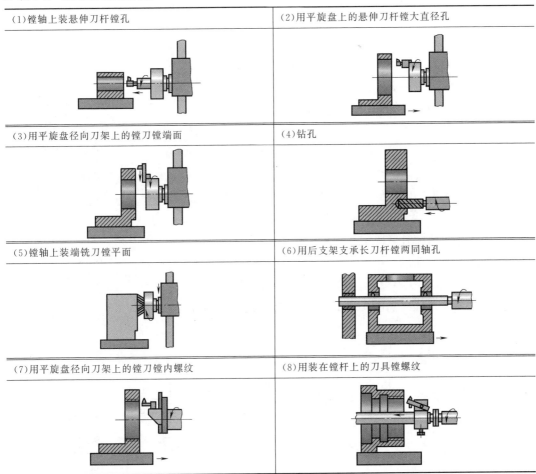

(1)镗轴上装悬伸刀杆镗孔	(2)用平旋盘上的悬伸刀杆镗大直径孔
(3)用平旋盘径向刀架上的镗刀镗端面	(4)钻孔
(5)镗轴上装端铣刀镗平面	(6)用后支架支承长刀杆镗两同轴孔
(7)用平旋盘径向刀架上的镗刀镗内螺纹	(8)用装在镗杆上的刀具镗螺纹

7.2.3　镗刀

镗刀的种类很多，按切削刃数量可分为单刃镗刀与双刃镗刀两大类。

(1) 单刃镗刀

如图 7-21 和图 7-22 所示为单刃镗刀。这种刀的特点是只有一条主切削刃，刚度较低。但它的结构简单，制造方便，通用性强，一般适用于加工通孔和不通孔，对于加工孔内环形槽或空刀槽更具有优势。

单刃镗刀可分为普通单刃镗刀和单刃微调镗刀两种。普通单刃镗刀如图 7-21 所示，由于尺寸调节不便，因此效率较低，加工精度难以控制。单刃微调镗刀如图 7-22 所示，

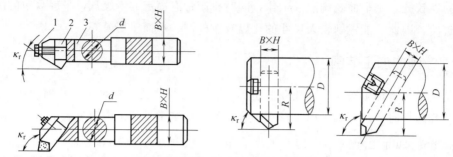

图 7-21 普通单刃镗刀

1—紧定螺钉；2—刀块；3—刀杆

其中 7 为刀块，刀块上带有螺纹，用来旋紧锥形调整螺母，刀块和调整螺母可一起通过固定在刀块上的导向键沿镗杆上的键槽装入，并用紧定螺钉拉紧，使镗杆得到固定。刀片装在刀块上，当转动调整螺母时，刀片可调整到合适的位置。这种刀的加工孔径范围为 20～180mm，广泛应用于数控机床、组合机床和自动生产线。

由于单刃镗刀的刚度低，为了减小切削力，刀具通常选用主偏角 $\kappa_r = 60° \sim 90°$；粗镗钢件孔时可选 $\kappa_r = 60° \sim 73°$，粗镗铸铁件孔或精镗时可选用 $\kappa_r = 90°$。

（2）双刃镗刀

图 7-23 所示为双刃镗刀。其特点是具有两条对称分布的切削刃，工作时可以消除径向误差，从而提高镗孔精度。

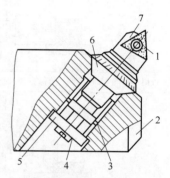

图 7-22 单刃微调镗刀

1—刀片；2—镗杆；3—导向键；
4—紧定螺钉；5—拉紧垫圈；
6—调整螺母；7—刀块

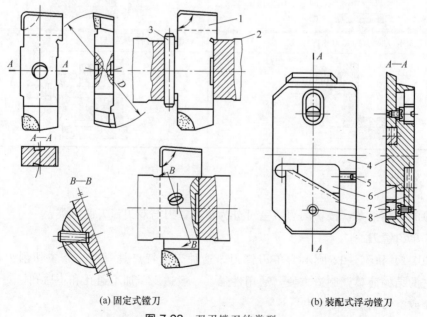

(a) 固定式镗刀 （b) 装配式浮动镗刀

图 7-23 双刃镗刀的类型

1、4—刀块；2、7—刀杆；3—定位销；5、8—螺钉；6—斜面垫铁双刃镗刀结构较为复杂，制造比较困难，一般适用于生产批量较大的、精度较高的孔的加工。双刃镗刀可分为固定式镗刀和浮动镗刀两类。固定式镗刀［图 7-23（a）］可采用较大的进给量，切削效率较高，所以常用来粗镗直径在 40mm 以上的孔，特别适用于同轴孔系或较深单孔的加工。

图 7-23（b）所示为装配式浮动镗刀，其特点是刀块可以在刀杆方孔中浮动，由径向切削力自动平衡对准加工孔的中心，以补偿由镗刀片的安装误差或径向跳动引起的加工误差，可得到较高的精度（一般可达 IT6～IT7）及较小的表面粗糙度值（一般可达 $Ra0.4～0.8\mu m$）。但这种镗刀不能校准孔的轴线歪斜和位置偏差，因此对已加工孔的精度有一定要求（直线度好，表面粗糙度值小于 $Ra3.2\mu m$）。

7.2.4 镗削加工方法

按照镗杆上切削力作用点的位置，镗削加工方法分为悬臂镗削法和双支承镗削法。

(1) 悬臂镗削法

图 7-24（a）所示为悬臂镗削法（镗刀位于支承点一侧），只有一个支承点，镗杆处于悬臂状态，镗削时镗杆随主轴转动、工件移动。处于这种受力状态的镗杆刚度不足，所以只适用于加工不太长的单孔或距离较近的同轴孔。

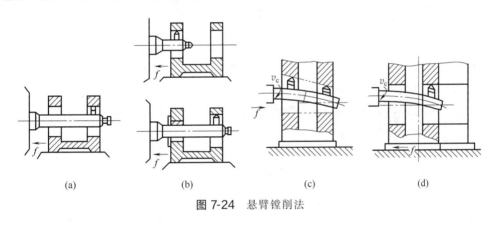

图 7-24 悬臂镗削法

悬臂镗削法加工时，最好不采用刀具旋转且进给的方式，否则会造成所加工同轴孔的同轴度误差较大，且较远距离孔的圆柱度误差也较大，如图 7-24（c）所示。而图 7-24（d）所示则是采用了镗杆只旋转而不移动、工作台进给的方式，在镗孔过程中，刀尖处挠度不变，因此对被加工孔的几何形状精度和孔系的相互位置精度均无影响。图 7-24（b）所示为悬臂镗削法的另一种形式，用这种方法镗削时，需先镗前孔，然后换长镗杆镗削后孔，需在先加工好的前孔中装入一镗套来支承镗杆，提高镗杆刚度；可镗削较长通孔或相距较大的同轴孔。

(2) 双支承镗削法

图 7-25 所示为双支承镗削法，即镗杆一端装夹在机床主轴上，另一端用后柱支承，镗刀在两支承之间，大大提高了镗杆的刚度，适用于加工长轴孔或孔距较长的同轴孔系。这种方法由于刚度高，可采用较大的切削用量，所以生产效率高，所加工孔的位置精度也较高。双支承镗削法切削时刀具的安装位置有两种，一种是刀具在两支承的中点，如图

7-25（a）所示，此安装虽然镗杆较长，但两孔的同轴度可得到很好的保证；另一种安装方法是刀具不在两支承点的中间，如图 7-25（b）所示，此安装使镗杆在镗削两孔时因受力而弯曲的挠度不同，则加工出两孔的同轴度较差。

双支承镗削法加工时工艺系统刚度较悬臂镗削法大、效率高，但调整刀具困难，操作观察较为不便。

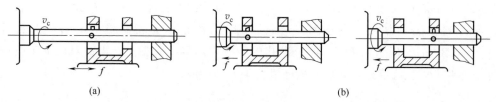

(a)
(b)

图 7-25 双支承镗削法

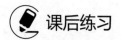 课后练习

（1）卧式升降台铣床与立式升降台铣床有何区别？

（2）简述铣床的加工范围。

（3）常用的铣刀有哪些？各有何用途？

（4）铣削用量的要素包括哪些？铣削用量的选用原则有哪些？

（5）根据铣刀在切削时刀刃与工件接触的位置不同，铣削方法分为哪几种？各有何特点？

（6）与周铣相比，端铣有哪些优点？

（7）什么是顺铣？什么是逆铣？各有何特点？

（8）应如何选用顺铣和逆铣？

（9）简述各种表面的铣削方法。

（10）简述镗削的加工范围。

第**8**章

磨削

（1）了解外圆磨床、内圆磨床、平面磨床的结构、运动和功用。

（2）掌握砂轮的组成和特性。

（3）了解磨具的标记内容。

（4）了解外圆、内孔、锥体和平面的磨削方法。

磨削是用磨具以较高的线速度对工件表面进行加工的方法。磨削可获得很高的加工精度，其加工经济精度为 IT7～IT6；磨削可获得很小的表面粗糙度值（$Ra0.8～0.2\mu m$），因此磨削被广泛用于工件的精加工。

8.1 磨床

磨床是用磨具或磨料加工工件各种表面的机床。它是机器零件精密加工的主要设备，可以加工其他机床不能加工或难加工的高硬度材料。

8.1.1 磨床的类型和组成

磨床的种类很多，目前生产中应用最多的是外圆磨床、内圆磨床、平面磨床、和工具磨床等。

（1）外圆磨床

外圆磨床主要用于磨削圆柱形和圆锥形外表面。一般工件装夹在头架和尾架之间进行磨削。外圆磨床有普通外圆磨床、万能外圆磨床等多种类型，其中以普通外圆磨床和万能外圆磨床应用最广。图 8-1 所示为常用万能外圆磨床外形图，它主要由床身、头架、砂轮架、工作台、尾座、内圆磨头等部件组成。

① 床身 床身用以支承磨床其他部件。床身上面有纵向导轨和横向导轨，分别为磨床工作台和砂轮架的移动导轨。

② 头架 头架主轴可与卡盘连接或安装顶尖，用以装夹工件。头架主轴由头架上的电动机经带传动、头架内的变速机构带动回转，实现工件的圆周进给。头架可绕垂直轴线逆时针回转 $0°\sim90°$。

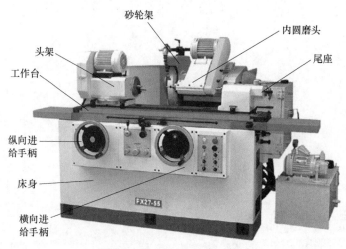

图 8-1 万能外圆磨床外形图

③ 砂轮架 砂轮装在砂轮架主轴的前端，由单独的电动机驱动做高速旋转主运动。砂轮架可以通过液压系统或横向进给手轮使其做机动或手动横向进给。砂轮架可绕垂直轴线回转 $-30°\sim30°$。

④ 工作台 工作台由上、下两层组成，上层可绕下层中心线在水平面内顺（逆）时针回转 $3°$（共 $6°$），以便磨削小锥角的长圆锥工件。工作台上层用以安装头架和尾座，工作台下层连同上层一起沿床身纵向导轨移动，实现工件的纵向进给。纵向进给可通过手轮手动调节。工作台由液压传动系统带动，沿床身导轨做纵向往复直线进给运动。

⑤ 尾座 尾座套筒内安装尾顶尖，用以支承工件的另一端。后端装有弹簧，利用可调节的弹簧力顶紧工件，也可以在长工件受磨削热影响而伸长或弯曲变形的情况下，为工件的装卸提供方便。装卸工件时，可采用手动或液动方式使尾座套筒缩回。

⑥ 内圆磨头 内圆磨头上装有内圆磨具，用来磨削内圆。它由专门的电动机经平带带动其主轴高速回转，实现内圆磨削的主运动。不用时，内圆磨头翻转到砂轮架上方，磨内圆时将其翻下使用。

（2）内圆磨床

内圆磨床主要用于磨削圆柱形和圆锥形内表面。内圆磨床分为普通内圆磨床、行星内圆磨床、无心内圆磨床、坐标磨床和专门用途的内圆磨床等。

普通内圆磨床主要由头架、砂轮架、工作台、滑鞍和内磨头、床身等部件组成，如图 8-2 所示。头架固定在床身上，工件装夹在头架主轴前端的卡盘中，由头架主轴带动做圆周进给运动。砂轮安装在砂轮架中的内磨头主轴上，由单独电动机直接驱动作高速旋转主运动。砂轮架安装在滑鞍上，当工作台由液压传动系统带动做往复直线运动一次后，砂轮架做横向进给。头架还可绕竖直轴转至一定角度以磨削锥孔。

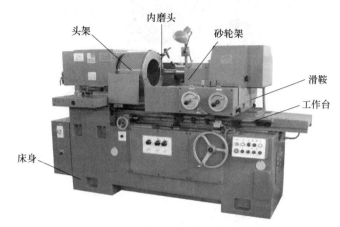

图 8-2 普通内圆磨床外形图

(3) 平面磨床

平面磨床主要用于磨削工件平面。常用的平面磨床按其砂轮轴线位置和工作台的结构特点，可分为卧轴矩台平面磨床、立轴矩台平面磨床、卧轴圆台平面磨床、立轴圆台平面磨床等几种类型，如图 8-3 所示。其中，卧轴矩台平面磨床应用最广。

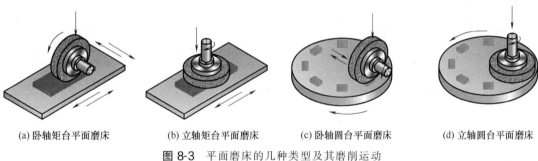

(a) 卧轴矩台平面磨床　　(b) 立轴矩台平面磨床　　(c) 卧轴圆台平面磨床　　(d) 立轴圆台平面磨床

图 8-3 平面磨床的几种类型及其磨削运动

① 平面磨床组成　如图 8-4 所示是一种常用的卧轴矩台平面磨床，它由床身、立柱、工作台和磨头等主要部件组成。平面磨床的主要部件及其功用如下：

a. 矩形工作台。矩形工作台安装在床身的水平纵向导轨上，由液压传动系统实现纵向直线往复移动，利用撞块自动控制换向。工作台上装有电磁吸盘，用于固定、装夹工件或夹具。

b. 磨头。装有砂轮主轴的磨头可沿床鞍上的水平燕尾导轨移动，磨削时的横向步进进给和调整时的横向连续移动由液压传动系统实现，也可用横向手轮手动操纵。磨头的高低位置调整或垂直进给运动由升降手轮操纵，通过床鞍沿立柱的垂直导轨移动来实现。

② 主运动与进给运动　M7120A 型平面磨床运动示意如图 8-5 所示。

a. 主运动。磨头主轴上砂轮的回转运动是主运动。

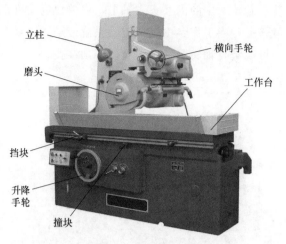

图 8-4 平面磨床

b. 进给运动。包括工作台的纵向进给运动、砂轮的横向和垂直进给运动。工作台的纵向进给运动由液压传动系统实现，移动速度范围为 $1\sim18\text{m/min}$。砂轮的横向进给运动，在工作台每一个往复行程终了时，由磨头沿床鞍的水平导轨横向步进实现。砂轮的垂直进给运动为手动使床鞍沿立柱垂直导轨上下移动，用以调整磨头的高低位置和控制背吃刀量。

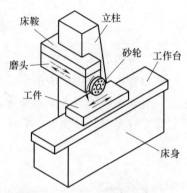

图 8-5　M7120A 型平面磨床运动示意图

8.1.2　磨床的功用

磨床可用来磨削各种内外圆柱面、内外圆锥面、平面、成形表面等，如表 8-1 所示。

▣ 表 8-1　磨床的主要功用

功用	磨外圆	磨孔	磨平面
图例			

功用	无心磨削	磨成形面	磨螺纹
图例			

功用	磨齿轮	磨花键	磨导轨
图例			

8.2 砂轮

8.2.1 砂轮的组成和特性

(1) 砂轮的组成

砂轮是用各种类型的结合剂把磨料结合起来，经压胚、干燥、烧制及车整而成的磨削工具。砂轮由磨料、结合剂和气孔三要素组成，如图 8-6 所示。

(2) 砂轮的特性

砂轮的特性从磨料、粒度、硬度、组织、结合剂、形状和尺寸、强度（最高工作速度）七个方面来衡量。各种不同特性的砂轮，均有一定的适用范围，因此应按照实际的磨削要求合理地选择和使用砂轮。

① 磨料　磨具（砂轮）中磨粒的材料称为磨料。它是砂轮的主要成分，是砂轮产生切削

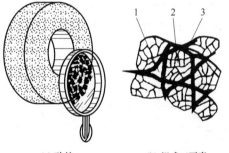

(a) 砂轮 　　　　(b) 组成三要素

图 8-6　砂轮的组成

1—气孔；2—磨料；3—结合剂

作用的根本要素。由于磨削时要承受强烈的挤压、摩擦和高温的作用，所以磨料应具有极高的硬度、耐磨性、耐热性，以及相当的韧性和化学稳定性。

制造砂轮的磨料，按成分一般分为氧化物（刚玉）、碳化物和天然超硬材料三类。

② 粒度　表示磨料颗粒尺寸大小的参数称为粒度。磨料粒度影响磨削的质量和生产率。粒度主要根据加工的表面粗糙度要求和加工材料的力学性能进行选择，见表 8-2。

③ 硬度　砂轮的硬度是指结合剂黏结磨料颗粒的牢固程度，它表示砂轮在外力（磨削抗力）作用下磨料颗粒从砂轮表面脱落的难易程度。磨粒容易脱落的砂轮硬度低，称为软砂轮；磨粒不容易脱落的砂轮硬度高，称为硬砂轮。砂轮的硬度对磨削的加工精度和生产率有很大的影响。通常磨削硬度高的材料应选用软砂轮，以保证磨钝的磨粒能及时脱落；磨削硬度低的材料应选用硬砂轮，以充分发挥磨粒的切削作用。砂轮的硬度及等级代号见表 8-3。砂轮的硬度由软至硬共分 19 级。必须注意，砂轮的硬度与磨料的硬度是两个不同的概念，不能混淆。

粒度	粗磨粒 F4~F220			微粉 F230~F1200
	粗粒度	中粒度	细粒度	极细粒度
粒度值	4	30	70	230
	5	36	80	240
	6	40	90	280
	7	46	100	320
	8	54	120	360
	10	60	150	400
	12		180	500
	14		220	600
	16		—	800
	20	—	—	1000
	22	—	—	1200
	24	—	—	—
选用	粗磨或磨削质软、塑性大的材料	半精磨	精磨或磨削质硬、脆性的材料	超精磨削

⊡ 表 8-3　砂轮的硬度与等级代号

砂轮的硬度等级代号				砂轮的硬度
A	B	C	D	超软
E	F	G	—	很软
H	—	J	K	软
L	M	N	—	中级
P	Q	R	S	硬
T	—	—	—	很硬
—	Y	—	—	超硬

④ 组织　砂轮的组织是指砂轮内部结构的疏密程度。根据磨粒在整个砂轮中所占体积的比例不同，砂轮组织分成三大类共 15 级，可用数字标记，通常为 0~14；数字越大，表示组织越疏松。砂轮的组织、代号及其选用见表 8-4。

⊡ 表 8-4　砂轮的组织、代号及其选用

砂轮组织的代号	0~4	5~8	9~14
砂轮的组织	紧密	中等	疏松
选用	精密磨削、成形磨削	一般磨削	磨削硬度低、韧性大的工件，或砂轮与工件接触面积大的场合，或粗磨

⑤ 结合剂　结合剂是用来将分散的磨料颗粒黏结成具有一定形状和足够强度的磨具的材料。结合剂的种类和性质会影响砂轮的硬度、强度、耐蚀性、耐热性及抗冲击性等。结合剂种类见表 8-5。

表 8-5 结合剂种类

代号	结合剂	代号	结合剂
V	陶瓷结合剂	B	树脂或其他热固性有机结合剂
R	橡胶结合剂	BF	纤维增强树脂结合剂
RF	增强橡胶结合剂	MG	菱苦土结合剂
PL	热塑性塑料结合剂	E	虫胶结合剂

⑥ 形状和尺寸 根据磨床的结构及磨削的加工需要，砂轮有各种形状和不同的尺寸规格。

⑦ 强度（最高工作速度） 砂轮的强度是指在惯性力作用下砂轮抵抗破碎的能力。砂轮回转时产生的惯性力与砂轮的切削速度的平方成正比。因此，砂轮的强度通常用最高工作速度表示。

砂轮应按下列范围的最高工作速度进行制造，磨具最高工作速度的范围为：＜16-16-20-25-32-35-40-45-50-63（或 60)-70（或 72)-80-100-125，其单位为 m/s。

8.2.2 磨具的标记

固结磨具的标记由磨具名称、产品标准号、基本形状代号、圆周型面代号（若有）、尺寸（包括型面尺寸）、磨料牌号（可选性的）、磨料种类、磨料粒度、硬度等级、组织号（可选性的）、结合剂种类、最高工作速度组成，磨具标记示例如图 8-7 所示。

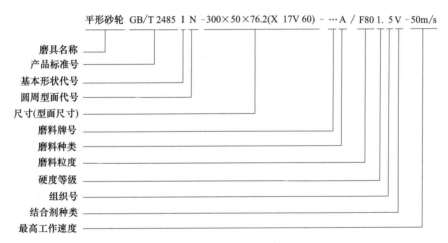

平形砂轮 GB/T 2485 I N -300×50×76.2(X 17V 60) - ⋯A / F80 1. 5 V -50m/s

磨具名称
产品标准号
基本形状代号
圆周型面代号
尺寸(型面尺寸)
磨料牌号
磨料种类
磨料粒度
硬度等级
组织号
结合剂种类
最高工作速度

图 8-7 磨具标记示例

8.3 磨削方法

8.3.1 在外圆磨床上磨外圆

(1) 工件的装夹

磨外圆时常用的工件装夹方法有两顶尖装夹、三爪自定心卡盘装夹（没有中心孔的圆

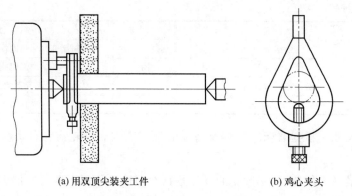

(a) 用双顶尖装夹工件   (b) 鸡心夹头

图 8-8 双顶尖装夹工件

柱形工件）和四爪单动卡盘装夹（外形不规则的工件）三种。

两顶尖装夹工件的方法如图 8-8（a）所示。工件由头架的拨盘和拨杆带动的鸡心夹头 [图 8-8（b）] 带动旋转。由于磨床所用的前、后顶尖都是固定不动的（即固定顶尖），尾座顶尖又是依靠弹簧顶紧工件，使工件与顶尖始终保持适当的松紧程度，所以可避免磨削时因顶尖摆动而影响工件的精度。因此，两顶尖装夹工件的方法定位精度高，装夹工件方便，应用最为普遍。

（2）磨削方法

外圆磨削方法主要有纵向磨削法、横向磨削法、综合磨削法和深度磨削法，见表 8-6。

▣ **表 8-6　外圆磨削方法**

方法	图示	磨削过程	特点及应用
纵向磨削法		砂轮高速回转做主运动，工件低速回转做圆周进给运动，工作台做纵向往复进给运动，实现对工件整个外圆表面的磨削 每当一次纵向往复行程终了时，砂轮做周期性的横向进给运动，直至达到所需的背吃刀量	砂轮上处于纵向进给方向一侧的磨粒担负主要切削工作，周边上其余磨粒只起修光作用，减小表面粗糙度值 砂轮的每次背吃刀量很小，生产率低，但可获得较高的加工精度和较小的表面粗糙度值，在生产中应用最广泛
横向磨削法（又称切入磨削法）		磨削时，由于砂轮厚度大于工件被磨外圆的长度，工件无纵向进给运动 砂轮高速回转做主运动，工件低速回转做圆周进给运动，同时砂轮以很慢的速度连续或间断地向工件横向进给切入磨削，直至磨去全部余量	砂轮与工件接触长度内的磨粒的工作情况相同，均起切削作用，因此生产率较高，但磨削力和磨削热大，工件容易产生变形，甚至发生烧伤现象。加工精度降低，表面粗糙度值增大 受砂轮厚度的限制，只适用于磨削长度较短的外圆及不能用纵向进给的场合

方法	图示	磨削过程	特点及应用
综合（分段）磨削法	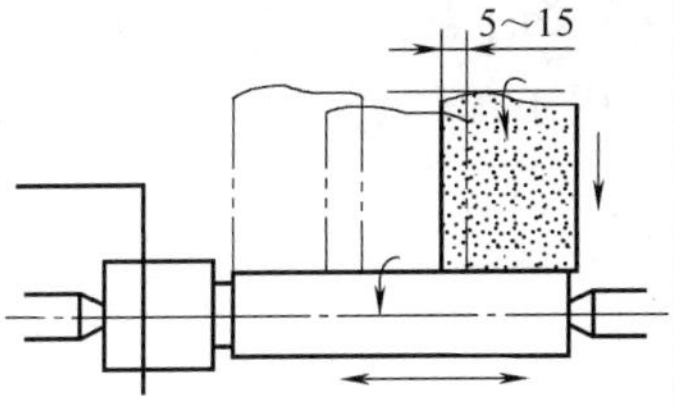 5～15	磨削时,先采用横向磨削法分段粗磨外圆,并留精磨余量,然后再用纵向磨削法精磨到规定的尺寸	粗磨后在一次纵向进给运动中,将工件磨削余量全部切除而达到规定的尺寸要求
深度磨削法	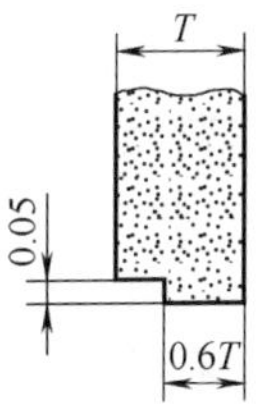 T　T 0.05　0.05 0.6T　0.4T 双台阶砂轮 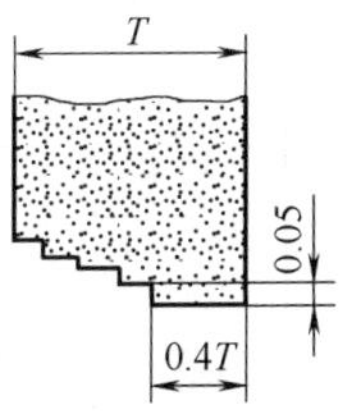　五台阶砂轮	在一次纵向进给运动中,将工件磨削余量全部切除而达到规定尺寸要求,磨削方法与纵向磨削法相同,但砂轮需修成阶梯形 磨削时,砂轮各台阶的前端担负主要切削工作,各台阶的后部起精磨、修光作用,前面的各台阶完成初磨,最后一个台阶完成精磨	台阶的数量及深度按磨削余量的大小和工件的长度确定 适用于磨削余量和刚度较大的工件的批量生产,应选用刚度和功率大的机床,使用较小的纵向进给速度,并注意充分冷却

8.3.2　在外圆磨床上磨内圆

(1) 内圆磨削方法

内圆磨削是常用的内孔精加工方法,可以加工工件上的通孔、不通孔、台阶孔及端面等。在万能外圆磨床上磨内圆的方法见表8-7。

⊡ **表8-7　磨内圆的方法**

方法	图示	磨削过程
纵向磨削法	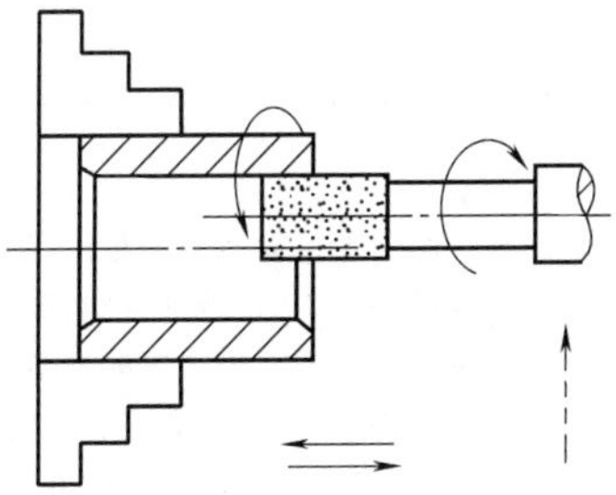	与外圆的纵向磨削法相同,砂轮的高速回转做主运动,工件以与砂轮回转方向相反的低速回转完成圆周进给运动,工作台沿被加工孔的轴线方向做往复移动完成工件的纵向进给运动,在每一次往复行程终了时,砂轮沿工件径向周期横向进给
横向磨削法	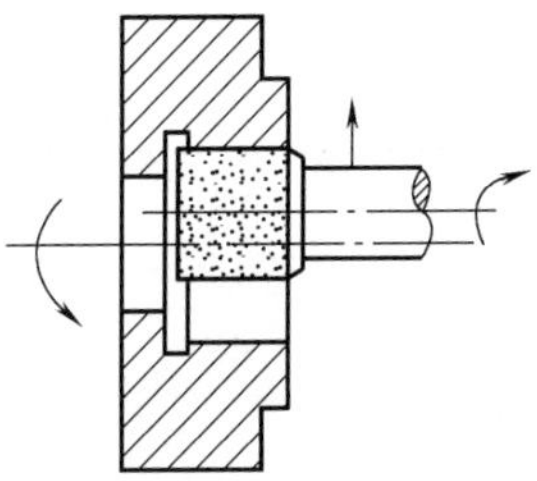	磨削时,工件只做圆周进给运动,砂轮的高速回转为主运动,同时以很慢的速度连续或断续地向工件做横向进给运动,直至孔径磨到规定尺寸

(2) 内圆磨削特点

与磨外圆相比,磨内圆有如下特点:

① 砂轮与砂轮接长轴的直径都受到工件孔径的限制，因此，一方面磨削速度难以提高；另一方面磨具刚度较差，容易振动，使加工质量和生产率受到影响。

② 砂轮容易堵塞、磨钝，磨削时不易观察，冷却条件差。

③ 在万能外圆磨床上用内圆磨头磨削内圆主要用于单件、小批生产，在大批量生产中则宜使用内圆磨床磨削。

8.3.3　在外圆磨床上磨外圆锥

在外圆磨床上磨外圆锥的方法见表 8-8。

▫ 表 8-8　在外圆磨床上磨外圆锥的方法

方法	图示	磨削过程	适用场合
转动工作台法	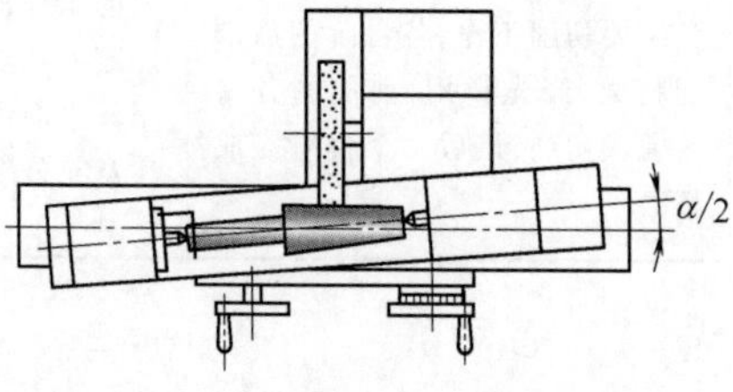	将工件装夹在两顶尖间，圆锥大端在前顶尖侧、小端在后顶尖侧，将磨床的上工作台相对下工作台逆时针偏转一个圆锥半角 $\alpha/2$ 的角度 磨削时，用纵向磨削法或综合磨削法，从圆锥小端开始试磨	锥度不大的长圆锥工件
转动头架法	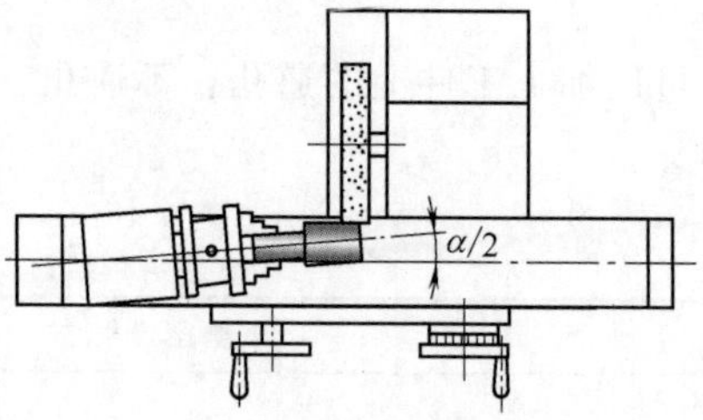	将工件装夹在头架的卡盘中，头架逆时针转动 $\alpha/2$ 角度，磨削方法与转动工作台法相同	锥度较大而长度较短的工件
转动砂轮架法	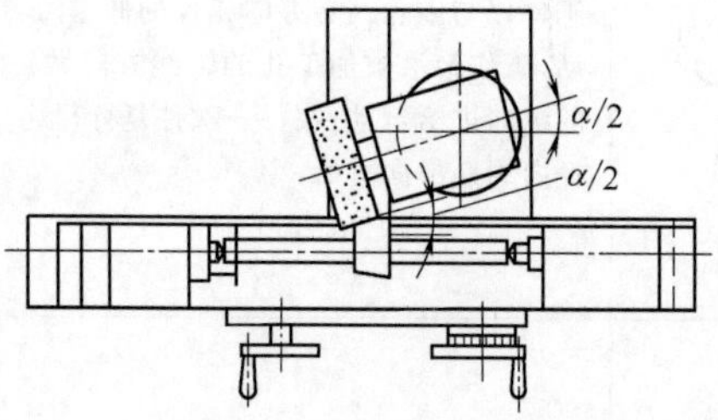	将砂轮架偏转 $\alpha/2$ 角度，用砂轮的横向进给进行圆锥磨削，磨削中工作台不允许纵向进给，如果锥面的素线长度大于砂轮厚度，则需要用分段接刀的方法进行磨削	锥度较大且长度较长的工件，须用两顶尖装夹

8.3.4　在平面磨床上磨平面

(1)　平面磨削方式与应用特点
平面磨削方式主要有周边磨削、端面磨削及周边＋端面磨削三种，见表 8-9。

(2)　平面磨削方法
平面磨削方法主要有横向磨削法、深度磨削法及阶梯磨削法三种，见表 8-10。

⊡ 表 8-9 平面磨削的方式与应用特点

磨削方式	图示	说明	应用特点
周边磨削	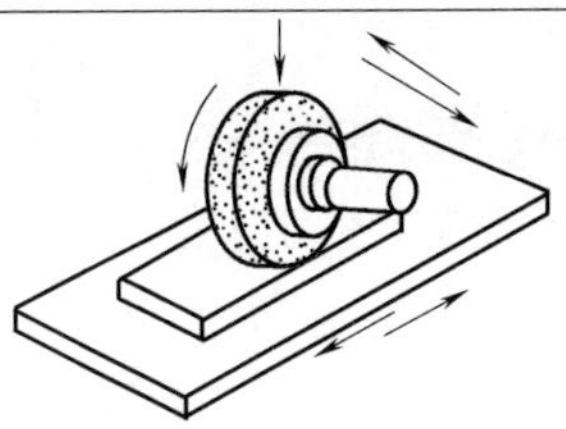	又称圆周磨削,是用砂轮圆周面进行磨削的	(1)冷却和排屑较好; (2)砂轮与工件接触面积小,磨削力和磨削热小; (3)适用于精磨各种工件的平面; (4)磨削时是间断进给运动,生产效率低
端面磨削	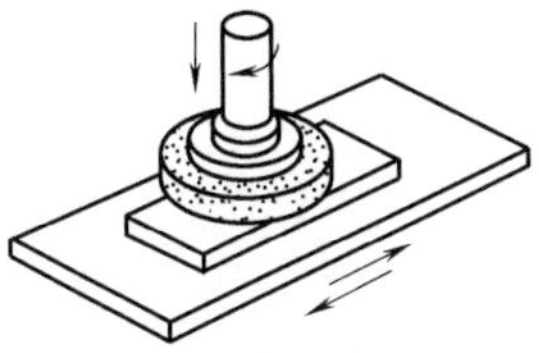	用砂轮的端面进行磨削	(1)砂轮主要承受轴心力,变形较小; (2)砂轮与工件接触面积大,生产效率高,但切削热较大; (3)冷却和排屑不方便; (4)适用于磨削精度要求不高且形状简单的工件
周边+端面磨削	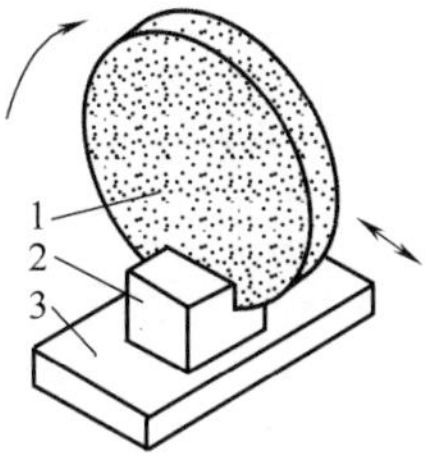 1—砂轮;2—工件;3—电磁吸盘	同时用砂轮的圆周和端面对工件进行磨削	(1)砂轮圆周与端面同时与工件表面接触,磨削条件差,磨削热较大; (2)砂轮磨削进给量不宜过大,生产效率不高; (3)适用于磨削台阶深度不大的工件

⊡ 表 8-10 在平面磨床上磨平面的方法

分类	图示	磨削过程	特点及应用
横向磨削法	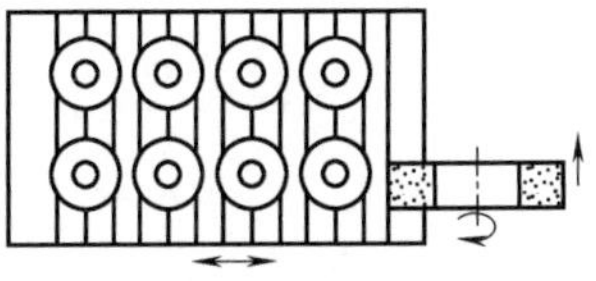	每当工作台纵向行程终了时,砂轮主轴做一次横向进给,待工件表面上第一层金属被磨去后,砂轮再按预选的背吃刀量做一次垂直进给,之后按上述过程逐层磨削,直至切除全部磨削余量	适用于磨削长而宽的平面,也适于相同小件按序排列、集合磨削
深度磨削法	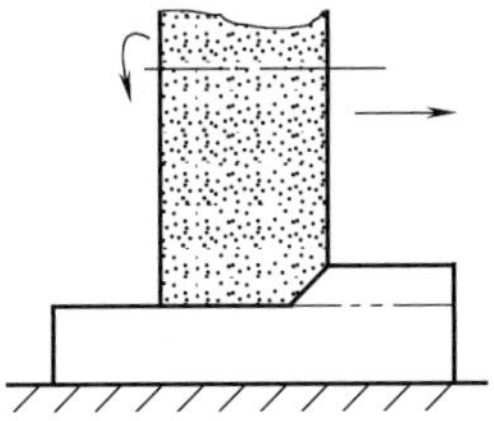	先粗磨(将余量一次磨去,留精磨余量),粗磨时的纵向移动速度很慢,而横向进给量很大,约为(3/4～4/5)×T(T 为砂轮厚度),然后再用横向磨削法精磨	垂直进给次数少,生产率高,但磨削抗力大,仅适用在刚度好、动力大的磨床上磨削平面尺寸较大的工件
阶梯磨削法	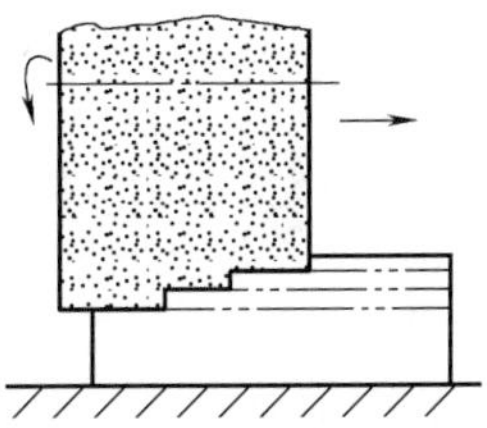	将砂轮厚度的前一半修成几个台阶,粗磨余量由这些台阶分别磨除,砂轮厚度的后一半用于精磨	适用于磨削位置精度要求高的平面,生产率高,但磨削时横向进给量不能过大。砂轮修整较麻烦,其应用受到一定限制

课后练习

（1）常用万能外圆磨床主要由哪些部分组成？各部分的作用是什么？

（2）常用的平面磨床按砂轮轴线位置和工作台的结构特点？可分为哪几类？

（3）M7120A 型平面磨床的进给运动有哪些？

（4）砂轮是由哪些要素组成的？

（5）砂轮的特性是由哪些要素来衡量的？

（6）固结磨具的标记由哪些内容组成？

（7）外圆磨削方法主要有哪几种？

（8）在万能外圆磨床上磨内圆的方法有哪几种？

（9）在外圆磨床上磨外圆锥的方法有哪几种？

（10）平面磨削方式有哪几种？

第9章

刨削、插削和拉削

🔖 学习目标

（1）了解牛头刨床、龙门刨床的结构及其切削运动。

（2）了解刨削的加工范围以及常用表面的刨削方法。

（3）了解插床的结构、主要加工内容以及常用插削方法。

（4）了解拉削的加工范围、拉刀的组成及常用拉削方法。

9.1 刨削

刨削是用刨刀对工件做水平方向相对直线往复运动的切削加工方法。刨削的加工精度通常为 IT9～IT7，表面粗糙度值为 $Ra12.5～1.6\mu m$；采用宽刃刀精刨时，加工精度可达 IT6，表面粗糙度值可达 $Ra0.8～0.2\mu m$。

9.1.1 刨床

刨床分为牛头刨床、龙门刨床（包括悬臂刨床）两大类。

（1）牛头刨床

牛头刨床主要由底座、横梁、床身、滑枕、刀架、工作台等主要部件组成，如图 9-1 所示。

① 牛头刨床的主要部件及其功用

a. 床身。用以支承刨床的各个部件。床身的顶部和前侧面分别有水平导轨和垂直导

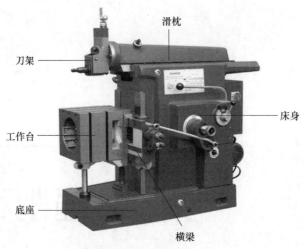

图 9-1 牛头刨床

轨。滑枕连同刀架可沿水平导轨做直线往复运动（主运动）；横梁连同工作台可沿垂直导轨实现升降。床身内部有变速机构和驱动滑枕的摆动导杆机构。

b. 滑枕。前端装有刀架，用来带动刨刀做直线往复运动，实现刨削。

c. 刀架。用来装夹刨刀和实现刨刀沿所需方向的移动。刀架与滑枕连接部位有转盘，可使刨刀按需要偏转一定角度。转盘上有导轨，摇动刀架手柄，滑板连同刀座沿导轨移动，可实现刨刀的间歇进给（手动），或调整背吃刀量。刀架上的抬刀板在刨刀回程时抬起，以防止擦伤工件和减小刀具的磨损。刀架的结构如图 9-2 所示。

d. 工作台。用来安装工件，可沿横梁横向移动和随横梁一起沿床身垂直导轨升降，以便调整工件的位置。在横向进给机构驱动下，工作台可实现横向进给运动。

② 牛头刨床的运动　牛头刨床的运动示意如图 9-3 所示。

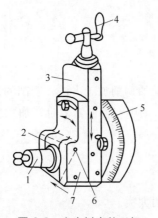

图 9-2　牛头刨床的刀架
1—刀夹；2—抬刀板；3—滑板；4—刀架
手柄；5—转盘；6—转销；7—刀座

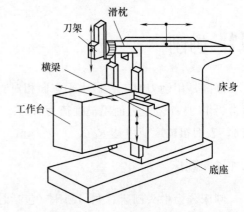

图 9-3　牛头刨床的运动示意图

a. 主运动。主运动为刀架（滑枕）的直线往复运动。电动机的回转运动经带传动机构传递到床身内的变速机构，然后由摆动导杆机构将回转运动转换成滑枕的直线往复运动。

b. 进给运动。进给运动包括工作台的横向移动和刨刀的垂直（或斜向）移动。工作台的横向进给由曲柄摇杆机构带动横向运动丝杠间歇转动实现，在滑枕每一次直线往复运动结束后到下一次工作行程开始前的间歇中完成。刨刀的垂直（或倾斜）进给则通过手动转动刀架手柄使其作间歇移动完成。

(2) 龙门刨床

龙门刨床主要由床身、工作台、立柱、垂直刀架、侧刀架、横梁、顶梁等组成，见图9-4。

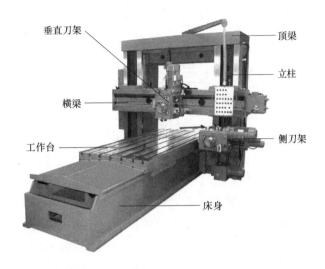

图9-4 龙门刨床

在龙门刨床刨削时，主运动是工作台带动工件的直线往复运动，而进给运动是刨刀的横向或垂直间歇移动，这与牛头刨床的运动相反。图9-5所示为在牛头刨床和龙门刨床上刨削平面时的切削运动示意。

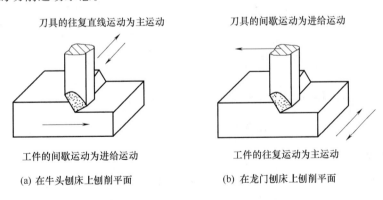

(a) 在牛头刨床上刨削平面 (b) 在龙门刨床上刨削平面

图9-5 刨削平面时的切削运动示意图

9.1.2 刨削加工

(1) 刨削的加工范围

刨削是平面加工的主要方法之一。在刨床上可以刨平面（水平面、垂直面和斜面）、沟槽（直槽、V 形槽、T 形槽和燕尾槽）和曲面等，如图 9-6 所示。

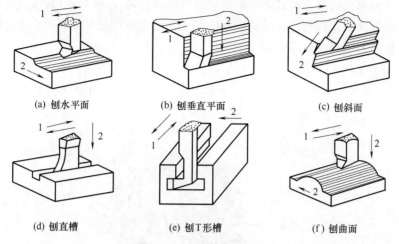

(a) 刨水平面　　　　　　　(b) 刨垂直平面　　　　　　(c) 刨斜面

(d) 刨直槽　　　　　　　(e) 刨 T 形槽　　　　　　(f) 刨曲面

图 9-6　刨削的主要内容

1—主运动；2—进给运动

（2）刨刀及其装夹

刨刀属单刃刀具，其几何形状与车刀大致相同。由于刨削为断续切削，在每次切入工件时，刨刀须受较大的冲击力，所以刨刀的截面积一般比较大。为避免刨削时因"扎刀"而造成工件报废，刨刀常制成弯颈形式［图 9-7（a）］。而直杆刨刀［图 9-7（b）］则一般用于粗加工。刨刀装夹时的要点：位置要正，刀头伸出长度应尽可能短，夹紧必须牢固。

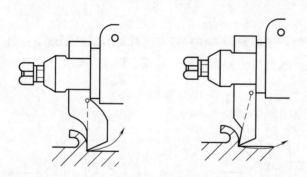

(a) 弯颈刨刀不易扎刀(用于精加工)　　(b) 直杆刨刀容易扎刀(用于粗加工)

图 9-7　两种刨刀的刨削情况

（3）工件的装夹

① 机用虎钳装夹　较小的工件可用固定在工作台上的机用虎钳装夹，如图 9-8 所示。机用虎钳在工作台上的位置应正确，必要时应用百分表校正。装夹工件时应注意工件高出钳口或伸出钳口两端不宜过多，以保证夹紧可靠。

② 压板装夹　较大的工件可直接置放于工作台上，用压板、螺栓、挡块等直接装夹，如图 9-9 所示。

（4）刨削方法

① 刨平面

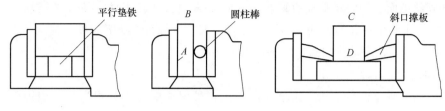

(a) 刨削一般平面   (b) 工件 A、B 面间有垂直度要求时   (c) 工件 C、D 面间有平行度要求时

图 9-8　工件用机用虎钳装夹

a. 刨水平面。刨削水平面（图 9-10）时，进给运动由工作台（工件）横向移动完成，背吃刀量由刀架控制。刨刀一般采用两侧刀刃对称的尖头刀，以便于双向进给、减少刀具的磨损和节省辅助时间。

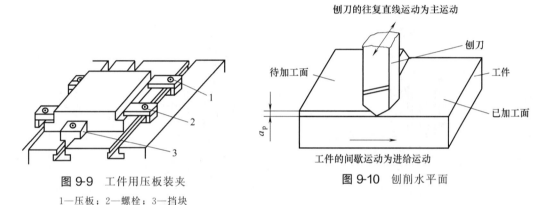

图 9-9　工件用压板装夹
1—压板；2—螺栓；3—挡块

图 9-10　刨削水平面

b. 刨垂直平面。刨削垂直平面时，刨刀采用偏刀，其几何形状如图 9-11 所示。摇动刀架手柄使刀架滑板（刀具）做手动垂直进给，背吃刀量通过工作台的横向移动控制。

为保证加工平面的垂直度，加工前应将刀架转盘刻度对准零线。位置精度要求较高时，在刨削时应按需要进行微调纠正偏差。为防止刨削时刀架碰撞工件，应将刀座偏转一适当的角度（图 9-12）。

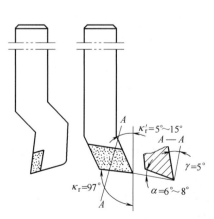

图 9-11　偏刀的几何形状

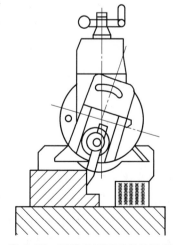

图 9-12　刨垂直平面时偏转刀座

c. 刨倾斜平面。刨倾斜平面有两种方法：一是倾斜装夹工件，使工件被加工斜面处于水平位置，用刨水平面的方法加工；二是将刀架转盘旋转至所需角度，摇动刀架手柄使刀架滑板（刀具）做手动倾斜进给，如图 9-13 所示。

② 刨沟槽

a. 刨直槽。刨直槽时，如果沟槽宽度不大，可用宽度与槽宽相当的直槽刨刀直接刨到所需宽度，旋转刀架手柄实现垂直进给；如果沟槽宽度较大，则可横向移动工作台，分几次刨削达到所需槽宽。

b. 刨 V 形槽。刨 V 形槽时，应根据工件的划线校正，先用直槽刀刨出底部直槽，然后换装偏刀，倾斜刀架和偏转刀座，用刨斜面的方法分别刨出 V 形槽的两侧面（图 9-14）。

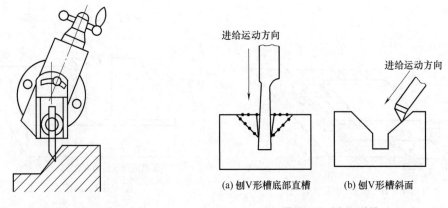

图 9-13　旋转刀架转盘刨倾斜平面

(a) 刨V形槽底部直槽　　(b) 刨V形槽斜面

图 9-14　刨 V 形槽

c. 刨燕尾槽。刨燕尾槽的方法与刨 V 形槽相似，采用左、右偏刀按划线分别刨削燕尾槽斜面，其加工顺序如图 9-15（b）所示。

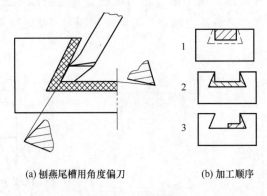

(a) 刨燕尾槽用角度偏刀　　(b) 加工顺序

图 9-15　刨燕尾槽

d. 刨 T 形槽。刨 T 形槽需用直槽刀、左右弯切刀和倒角刀，按划线依次刨直槽、两侧横槽和倒角，如图 9-16 所示。

③ 刨曲面　刨削曲面有两种方法。一种方法是按划线通过工作台横向进给和手动刀架垂直进给刨出曲面；另一种方法是用成形刨刀刨曲面，如图 9-17 所示。

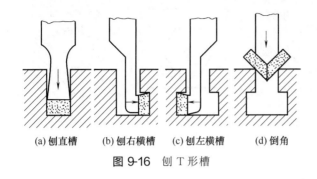

(a) 刨直槽　(b) 刨右横槽　(c) 刨左横槽　(d) 倒角

图 9-16　刨 T 形槽

主运动方向

图 9-17　用成形刀刨削曲面

9.2　插削

插削是用插刀对工件做垂直相对直线往复运动的切削加工方法，插削相当于立式刨削。插削的加工经济精度为 IT9～IT7，表面粗糙度值为 $Ra6.3～1.6\mu m$。

9.2.1　插床

(1)　插床的结构

插床的结构原理与牛头刨床相似，可视为立式刨床。插床主要由床身、分度机构、变速机构、立柱、滑枕、圆工作台、上滑座、下滑座等组成，如图 9-18 所示。

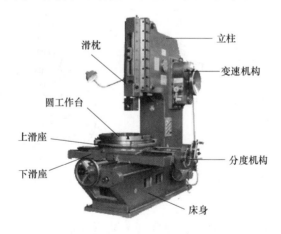

滑枕　立柱
变速机构
圆工作台
上滑座
下滑座
分度机构
床身

图 9-18　插床

插床的主运动是滑枕（插刀）的垂直直线往复运动。进给运动是上滑座和下滑座的水平纵向和横向移动，以及圆工作台的水平回转运动。

(2)　插削的主要内容

插削与刨削的切削方式相同，只是插削是在铅垂方向进行切削的。此外，刨削是以加工工件外表面上的平面、沟槽为主，而插削是以加工工件内表面上的平面、沟槽为主。在插床上可以插削孔内键槽、方孔、多边形孔和花键孔等，如图 9-19 所示。

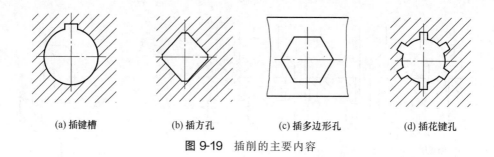

(a) 插键槽   (b) 插方孔   (c) 插多边形孔   (d) 插花键孔

图 9-19 插削的主要内容

9.2.2 插削方法

(1) 插刀

插刀也属单刃刀具，常用的插刀如图 9-20 所示。与刨刀相比，插刀的前面与后面位置对调，为了避免刀杆与工件已加工表面碰撞，其主切削刃偏离刀杆正面。插刀的几何角度一般是：前角 $\gamma_o = 0° \sim 12°$，后角 $\alpha_o = 4° \sim 8°$。

常用的尖刃插刀主要用于粗插或插削多边形孔，平刃插刀主要用于精插或插削直角沟槽。

(2) 插键槽

如图 9-21 所示，装夹工件并按划线校正工件位置，然后根据工件孔的长度（键槽长度）和孔口位置，手动调整滑枕和插刀的行程长度及起点和终点位置，防止插刀在工作中冲撞工作台而造成事故。

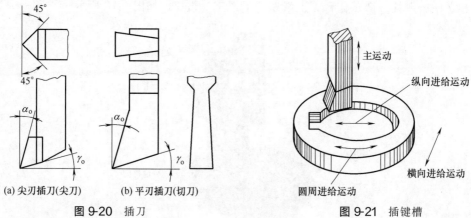

(a) 尖刃插刀（尖刀）   (b) 平刃插刀（切刀）

图 9-20 插刀

主运动

纵向进给运动

横向进给运动

圆周进给运动

图 9-21 插键槽

键槽插削一般分为粗插和精插，以保证键槽的尺寸精度和键槽对工件孔轴线的对称度要求。

(3) 插方孔

插小方孔时，可采用整体方头插刀插削，如图 9-22 所示。插较大的方孔时，采用单边插削的方法，按划线校正，先粗插（每边留余量 0.2～0.5mm），然后用 90°刀头插去四个内角处未插去的部分。粗插时应注意测量方孔边至基准的尺寸，以保证尺寸精度和对称度要求。插削按第一边、第三边（对边）、第二边、第四边的顺序进行。

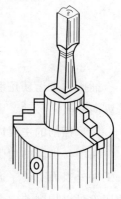

图 9-22 插方孔

(4)插花键

插花键的方法与插键槽的方法大致相同。不同的是花键各键槽除了应保证两侧面对轴平面的对称度外，还需要保证在孔的圆周上均匀分布，即等分性。因此，插削花键时常需要用分度盘进行分度。

9.3 拉削

用拉刀加工工件内、外表面的方法称为拉削。拉削的加工精度较高，经济精度可达IT9~IT7，表面粗糙度值为 $Ra1.6~0.4\mu m$。

9.3.1 拉床

(1)拉床的结构

拉床分为卧式拉床和立式拉床两类。图 9-23 所示为卧式拉床示意图。拉削时工作拉力较大，所以拉床一般采用液压传动。

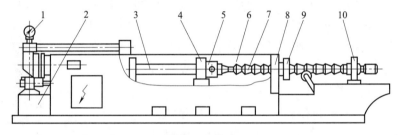

图 9-23 拉床

1—压力表；2—液压传动部件；3—活塞拉杆；4—随动支架；5—刀架；

6—床身；7—拉刀；8—支承；9—工件；10—随动刀架

(2)拉床的加工范围

拉削分内拉削和外拉削。内拉削可以加工圆孔、方孔、多边形孔、键槽、花键孔、内齿轮等各种型孔（直通孔），如图 9-24 所示。外拉削可以加工平面、成形面、花键轴的齿形、涡轮盘和叶片上的榫槽等。一些用其他加工方法不便加工的内、外表面，有时也可采用拉削加工。

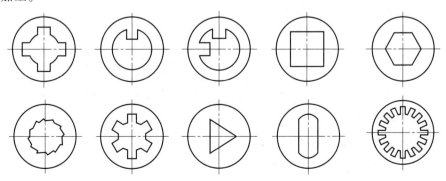

图 9-24 适于拉削的各种型孔

9.3.2　拉刀

拉削刀具（简称拉刀）是一类加工内外表面的多齿高效刀具，它依靠刀齿尺寸或廓形变化切除加工余量，以达到要求的形状、尺寸和表面质量，如图 9-25 所示。

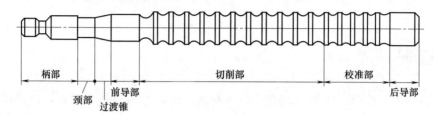

柄部　颈部　前导部　切削部　校准部　后导部　过渡锥

图 9-25　拉刀

拉刀由以下几部分组成：

① 柄部　柄部为拉刀安装于拉床时被刀架夹持的部分。

② 前导部　前导部用来引导拉刀切削部分进入工作位置（如工件孔内），防止拉刀歪斜。

③ 切削部　切削部由许多刀齿组成，包括粗切齿和精切齿，后排刀齿比前排刀齿分别高出一个齿升量（每齿升高量），如图 9-26 所示，齿升量一般为 $0.02 \sim 0.1$mm。拉削时各排刀齿依次切除一层金属，并在一次行程中切除全部加工余量。

④ 校准部　校准部起校正和修光作用，以提高加工精度和减小表面粗糙度值。

⑤ 后导部　后导部用来保持拉刀在拉削过程最后阶段位置准确，防止拉刀在即将离开工件时，因拉刀下垂而损伤已加工表面和拉刀刀齿。

此外，拉刀在柄部和前导部之间还有过渡锥及连接过渡锥与柄部的颈部。对于长而重的拉刀，在后导

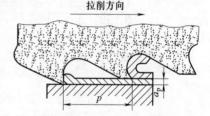

拉削方向

图 9-26　拉刀的每齿升高量

部后还有带顶尖孔的尾部，可在从拉削开始到行程一半以上时，用顶尖及中心架支承，以减小拉刀的摆尾。

9.3.3　拉削方法

拉削各种型孔时，工件一般不需要夹紧，只以工件的端面支承。因此，预加工孔的轴线与端面之间应满足一定的垂直度要求。如果垂直度误差较大，则可将工件端面贴紧在一个球面垫圈上，利用球面自动定位，如图 9-27 所示。

拉削加工的孔径通常为 $10 \sim 100$mm，孔的长度与孔径之比值不宜大于 3。拉削前的预加工孔不需要精确加工，钻削或粗镗

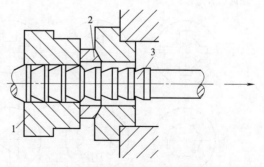

图 9-27　圆孔的拉削

1—工件；2—球面垫圈；3—拉刀

后即可进行拉削。

外表面的拉削一般为非对称拉削，拉削力偏离拉力和工件轴线，因此，除对拉力采用导向板等限位措施外，还须将工件夹紧，以免拉削时工件位置发生偏离。图 9-28 所示为拉削 V 形槽时，使用导向板和压板的情形。

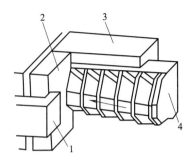

图 9-28　拉削 V 形槽

1—压紧元件；2—工件；3—导向板；4—拉刀

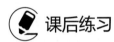 课后练习

（1）牛头刨床主要由哪些部分组成？各部分的作用是什么？

（2）简述牛头刨床的切削运动。

（3）简述刨削的加工范围。

（4）刨倾斜平面的方法有哪几种？

（5）插削的主要内容有哪些？

（6）如何插削方孔？

（7）拉刀由哪几部分组成？各部分的作用是什么？

第10章

齿轮加工

学习目标

（1）了解滚齿机和插齿机的结构及其切削运动。

（2）了解齿轮滚刀和插齿刀的结构。

（3）了解常见齿形的加工方法及其应用。

　　齿轮的加工可分为齿坯加工和齿面加工两个阶段。齿坯大多属于盘类工件，通常经车削（齿轮精度较高时须经磨削）完成。齿面加工则分为成形法和展成法两类。本章主要介绍齿面的加工设备和加工方法。

10.1 齿轮加工设备

10.1.1 齿轮加工机床

　　齿轮加工机床的类型很多，按照被加工齿轮种类的不同分为圆柱齿轮加工机床和圆锥齿轮加工机床两大类。

（1）滚齿机

　　① 滚齿机的应用及其主要部件　滚齿机主要用于加工直齿和斜齿圆柱齿轮，也可以滚切花键轴或用手动径向进给法滚切蜗轮。图 10-1 所示为滚齿机外形图，立柱固定在床身上，刀架溜板可沿立柱导轨上下移动。刀架体安装在刀架溜板上，可绕自身的水平轴线转位。滚刀安装在刀杆上，做旋转运动。工件安装在工作台的心轴上，随工作台一起转

动。后立柱和工作台安装在床鞍上，可沿机床水平导轨移动，用于调整工件的径向位置或做径向进给运动。

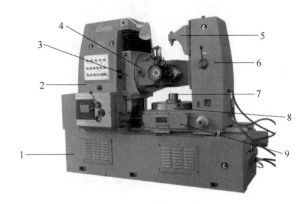

图 10-1 滚齿机

1—床身；2—立柱；3—刀架溜板；4—刀架体；5—支架；6—后立柱；
7—心轴；8—工作台；9—床鞍

② 滚齿机的运动 在滚齿机上加工齿轮时需要以下几种运动。

a. 主运动。滚刀的旋转运动 $v_刀$，如图 10-2 所示。

b. 展成运动。滚刀和工件的啮合运动。为了得到所需的齿廓和齿轮齿数，二者需按严格的传动比关系进行啮合。即刀具每转一转时，工件相应地转过 k/z 转。k 为滚刀的头数，z 为工件的齿数。

c. 垂直进给运动。为了切出工件整个齿宽上的齿形，滚刀沿工件的轴线方向做进给运动，垂直进给量为 f_a（单位：mm/r），即工件每转一转，滚刀沿工件轴向的进给量，如图 10-2 所示。

d. 附加运动。在加工斜齿圆柱齿轮时，为了形成螺旋线齿槽，当滚刀垂直进给时，工件应做附加的回转运动，简称附加运动。

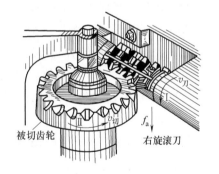

图 10-2 滚齿的运动及其原理

（2）插齿机

① 插齿机的外形及应用 插齿机分立式和卧式两种，前者使用最普遍。立式插齿机（图 10-3）又有刀具让刀和工件让刀两种形式。高速和大型插齿机用刀具让刀，中小型插齿机一般用工件让刀。在立式插齿机上，插齿刀装在刀具主轴上，同时作旋转运动和上下往复插削运动；工件装在工作台上，做旋转运动，工作台（或刀架）可横向移动实现径向切入运动。刀具回程时，刀架向后稍做摆动实现让刀运动或工作台作让刀运动。加工斜齿轮时，通过装在主轴上的附件（螺旋导轨）使插齿刀随上下运动而做相应的附加转动。插齿机主要用于加工多联齿轮和内齿轮，加附件后还可加工齿条。在插齿机上使用专门刀具还能加工非圆齿轮、不完全齿轮和内外成形表面，如方孔、六角孔、带键轴（键与轴连成一体）等。

② 插齿机的运动 插齿加工时，机床必须具备以下运动。

a. 主运动。插齿刀做上下往复运动，向下为切削运动，向上返回为退刀运动。切削

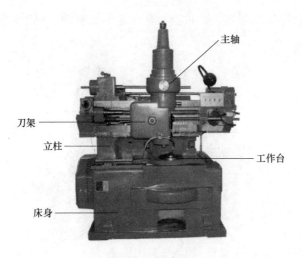

图 10-3　插齿机外形图

速度的单位为 m/min。当切削速度和往复运动的行程长度 L 确定后，可用公式 $n_0 = 1000v_c/(2L)$ 算出插齿刀每分钟的往复行程数 n_0。

b. 展成运动。在加工过程中，要求插齿刀和工件保持一对齿轮的啮合关系，即刀齿转过一个齿，工件应准确地转过一个齿，即 $n_w/n_0 = z_0/z_w$（n_w 为工件的转速，n_0 为刀具的转速，z_0、z_w 分别为刀具和工件的齿数）。刀具和工件的运动组成复合运动——展成运动。

c. 径向进给运动。为使插齿刀逐渐切至工件全齿深，插齿刀在圆周进给的同时，必须做径向进给。径向进给量是插齿刀每往复一次径向移动的距离。

d. 圆周进给运动。圆周进给运动是插齿刀的回转运动。插齿刀每往复行程一次，同时回转一个角度，其转动的快慢直接影响插齿刀的切削用量和齿形参与包络的数量。

e. 让刀运动。为了避免插齿刀在回程时擦伤已加工表面和减少刀具的磨损，刀具和工件之间让开一段距离，而在插齿刀进行下一工作行程时，应立即恢复到原位，这种让刀和恢复的动作称为让刀运动。一般新型号的插齿机是通过刀具主轴座的摆动来实现让刀的，这样可以减少让刀产生的振动。

10.1.2　齿轮加工刀具

(1) 齿轮加工刀具种类
由于齿轮的加工要求各不相同，所以齿轮加工的刀具种类很多，如图 10-4 所示。

(a) 齿轮滚刀　　(b) 盘形直齿插齿刀　　(c) 锥柄直齿插齿刀　　(d) 渐开线内花键插齿刀　　(e) 盘形剃齿刀

图 10-4　常见齿轮加工刀具

按齿形加工原理，齿轮加工刀具可分为成形齿轮刀具和展成齿轮刀具两大类。成形齿轮刀具的切削刃廓形与被切齿轮齿槽的形状完全相同，可直接切出齿轮齿槽的形状。如盘形模数齿轮铣刀和指状模数齿轮铣刀等。展成齿轮刀具齿形和工件齿形不同，切齿时刀具和工件按准确的传动比做啮合运动（展成运动），工件齿形是刀具齿形运动轨迹包络而成的。这类刀具有齿轮滚刀、花键滚刀、插齿刀和剃齿刀等。

（2）常见齿轮刀具

① 齿轮滚刀　齿轮滚刀是按螺旋齿轮啮合原理，用展成法加工齿轮的刀具。齿轮滚刀相当于一个齿数很少（1～3个齿）、螺旋角很大（近似90°）、螺旋升角很小、齿形能绕滚刀分度圆柱许多圈的螺旋齿轮（蜗杆）。滚刀的齿数相当于蜗杆的头数，其外形如图10-5所示。因此，齿轮滚刀本质上是一个圆柱斜齿轮。为了形成切削刃，在滚刀上沿轴线开出容屑槽，形成前面和前角，经铲齿铲磨，形成后面和后角，其结构如图10-6所示。

图 10-5　齿轮滚刀

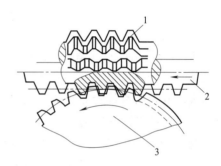

图 10-6　滚刀的结构

1—齿轮滚刀；2—假想与工件啮合的蜗杆；3—工件

a. 滚刀的结构和基本尺寸。滚刀的结构分为整体式、镶片式和可转位式等类型。目前中、小模数滚刀都做成整体式结构；模数较大的滚刀，为节省材料和便于热处理，一般都做成镶片式和可转位式。常用的滚刀材料为高速钢和硬质合金。

滚刀的基本尺寸参数有外圆直径 D、内圆直径 d、长度 L 及容屑槽数。滚刀的精度等级有 AAA、AA、A、B、C 级。表10-1列出了滚刀精度等级与被加工齿轮精度等级的关系。

▣ 表 10-1　滚刀精度等级与被加工齿轮精度等级的关系

滚刀精度等级	AAA	AA	A	B	C
可加工齿轮精度等级	6	7～8	8～9	9	10

b. 齿轮滚刀的选择。齿轮滚刀的选择与被加工齿轮的齿数无关，只要刀具的法向模数与法向齿形角与被加工齿轮的相应参数相同即可。标准齿轮滚刀的基本尺寸可查相关手册，滚刀的头数可做如下选择：精加工时选用单头滚刀，以保证加工质量；粗加工时选用多头滚刀，以提高生产率。但加工精度较低时，滚刀头数应与被加工齿轮的齿数互为质数，以免产生大小齿。

② 插齿刀

a. 插齿刀的主要类型及应用。

Ⅰ. 盘形插齿刀。如图 10-7（a）所示，这种形式的插齿刀以内孔和支承端面定位，用螺母紧固在机床主轴上，主要用于加工直齿及大直径的内、外啮合的齿轮。

　Ⅱ. 碗形插齿刀。如图 10-7（b）所示，它以内孔定位，夹紧螺母可容纳在刀体内，主要用于加工多联齿轮和带有凸肩的齿轮。

　Ⅲ. 锥柄插齿刀。如图 10-7（c）所示，这种插齿刀为带锥柄（莫氏短锥柄）的整体结构，用带有内锥孔的机床主轴连接，主要用于加工内齿轮。

(a) 盘形插齿刀　　(b) 碗形插齿刀　　(c) 锥柄插齿刀

图 10-7　插齿刀的类型

　b. 插齿刀的精度及其结构。插齿刀的精度等级有三种，即 AA、A、B 级，在正常的工艺条件下，分别用于 6、7、8 级精度齿轮的加工。无论何种类型和精度等级的插齿刀，其几何表面和切削参数的形成都是相同的。图 10-8 所示为插齿刀的一个刀齿。每个刀齿上有一条呈圆弧形的顶切削刃，两条呈渐开线（前角为 0°时）或近似于渐开线（前角不等于 0°时）的侧切削刃，一个呈平面（前角为 0°时）或呈圆锥面（前角不等于 0°时）的前面，以及两个呈左右渐开螺旋面的侧后面。

　c. 插齿刀的选择。插齿刀可用于加工直齿、斜齿、人字齿等圆柱齿轮。特别是能加工内齿轮、齿条、多联齿轮和无空刀槽的人字齿轮等。插齿刀的选用较复杂，下面仅介绍直齿外插齿刀加工齿轮时的选用方法。

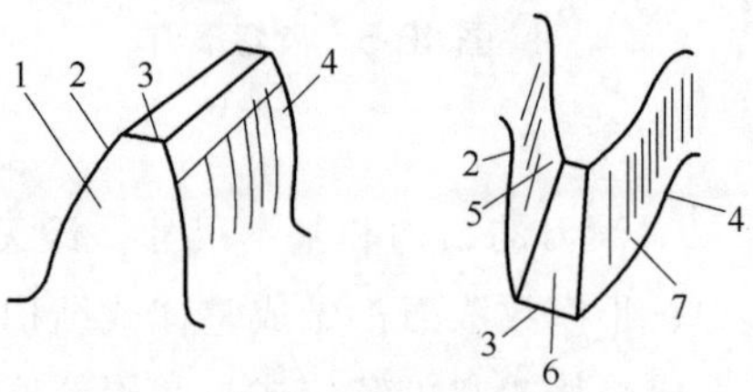

图 10-8　直齿插齿刀的刀齿
1—前面；2、4—侧切削刃；
3—顶切削刃；5、7—侧
后面；6—顶后面

　Ⅰ. 选用已有的或标准的插齿刀，要求插齿刀的模数 m、齿形角 α 和齿高系数 h 应和被加工齿轮的相应参数相同。

　Ⅱ. 测出插齿刀前端面的公法线长度，再计算求出插齿刀的变位系数，以满足被加工齿轮的要求（关于计算公式可查有关手册或教材）。

　另外，插齿刀选定后还需进行插齿啮合检验，最终确定所选的插齿刀是否适用于加工齿轮的要求，检验内容和有关方法可查有关资料。

10.2　齿形加工方法

　齿形加工是齿轮加工的关键。齿轮的切削加工是目前应用最广的齿形加工方法。表 10-2 所示为常见齿形加工方法及其应用。

⊡ 表 10-2　常见齿形的加工方法及其应用

齿形加工方法		刀具	机床	加工精度及应用
成形法	成形铣齿	齿轮铣刀	铣床	生产率和加工精度较低，一般为 9 级以下精度
	拉齿	齿轮拉刀	拉床	生产率和精度均较高，但拉刀制造困难，价格高，故只有在大批量生产时使用，适宜加工内齿轮
展成法	滚齿	滚刀	滚齿机	生产效率高，通用性大，能加工 6～10 级精度的齿轮，最高可达 4 级，常用于直齿、斜齿的外啮合圆柱齿轮和蜗轮加工
	插齿	插齿刀	插齿机	生产效率高，通用性大，能加工 6～10 级精度的齿轮，最高可达 6 级，适用于加工内外啮合齿轮（包括阶梯齿轮）、扇形齿轮、齿条等
	剃齿	剃齿刀	剃齿机	生产效率高，能加工 5～7 级精度的齿轮，主要用于齿轮滚、插预加工后、淬火前的精加工
	珩齿	珩磨轮	珩齿机或剃齿机	能加工 6～7 级精度的齿轮，主要用于经过剃齿后高频淬火的齿形精加工
	磨齿	砂轮	磨齿机	生产效率较低，加工成本高，多用于齿形淬硬后的精密加工
	冷挤齿轮	挤轮	挤齿机	生产率比剃齿高，成本低，能加工 6～8 级精度的齿轮，多用于齿形淬硬后的精密加工

10.2.1　成形法铣齿

在普通或万能铣床上利用成形铣刀和分度头，在齿坯上加工出齿面的方法称为铣齿，如图 10-9 所示。铣削直齿圆柱齿轮时，工件安装在分度头上，铣刀旋转对工件进行切削加工，工作台做直线进给运动，加工完一个齿槽，由分度头将工件转过一个齿，再加工另一个齿槽，依次加工出所有的齿槽。铣削斜齿圆柱齿轮时必须在万能铣床上进行，铣削时工作台偏转一个角度 β，使其等于齿轮的螺旋角，

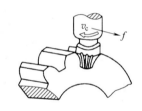

(a) 盘形齿轮铣刀铣齿　　　　(b) 指形齿轮铣刀铣齿

图 10-9　成形法铣齿原理

工件随工作台进给的同时，由分度头带动做附加转动形成螺旋运动。

10.2.2　展成法滚齿

滚齿是利用一对轴线互相交叉的螺旋圆柱齿轮相啮合的原理进行加工的。图 10-10 所示为滚齿工作原理图。它基于螺旋齿轮啮合原理，将其中一个看成滚刀，如图 10-10（a）所示，它的特点是螺旋角很大，齿数 z 很少，类似于蜗杆，如图 10-10（b）所示；开槽和铲削齿背后就形成滚刀，如图 10-10（c）所示。所以滚齿的实质相当于蜗杆蜗轮的啮合过程，当滚刀以一定的切削速度做回转运动时，相当于一排刀齿由上而下进行切削。同时，要求工件根据齿数的要求按一定的传动比关系（$I_{刀坯} = n_刀 / n_坯 = z_坯 / z_刀$）做相应的啮合回转运动（展成运动），随着这种复合运动的进行，滚刀依次在工件上切削出数条刀痕的包络线，形成工件的齿形，如图 10-11 所示。另外，刀具沿齿宽方向轴向进给，就能在齿坯上依次切削出齿槽。

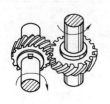
(a) 螺旋齿轮啮合

(b) 蜗杆蜗轮啮合

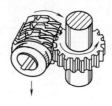
(c) 滚刀滚齿

图 10-10　滚齿工作原理

图 10-11　齿廓的展成过程

10.2.3　展成法插齿

插齿是利用一对圆柱齿轮的啮合关系原理进行加工的。如图 10-12（a）所示，其中一个为插齿刀，它具有切削刃和切削时所必需的前角和后角。插齿时，插齿刀以其内孔和锥柄紧固在插齿机的主轴上，并做上下往复的切削运动，同时使插齿刀和齿轮坯之间按一对圆柱齿轮的啮合关系运动。插齿刀在每次往复行程中切去一定的金属，并在与工件做强制的无间隙啮合运动（展成运动）过程中形成工件的齿形，这个齿形就是插齿刀的齿廓相对于工件运动轨迹的包络线，如图 10-12（b）所示。切削内齿轮时其原理也是如此，只是刀具与工件的转向不同。

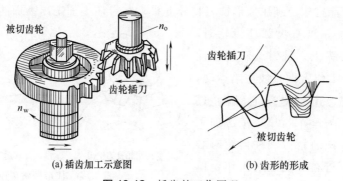

被切齿轮　　　n_o
齿轮插刀
n_w

(a) 插齿加工示意图

齿轮插刀
被切齿轮

(b) 齿形的形成

图 10-12　插齿的工作原理

10.2.4　剃齿

(1) 剃齿的工作过程

剃齿是未淬火圆柱齿轮的精加工方法。其加工过程是由剃齿刀带动工件自由转动并模拟一对螺旋齿轮做双面间隙啮合运动。剃齿刀是一个高精度的斜齿轮，并在齿面上沿渐开线齿向开了很多槽，形成切削力，如图 10-13 所示。

剃齿时，经过预加工的工件装在心轴上，心轴可以自由转动。剃齿刀安装在机床主轴上，与工件轴线相交成一定的轴交角 Σ，如图 10-13（c）所示。机床主轴带动剃齿刀旋转，剃齿刀带动工件旋转，剃齿刀的齿面在工件齿面上进行挤压和滑移，刀齿上的切削刃从工件齿面上剃下细微的金属。剃齿加工属于自由啮合的展成运动，而滚齿和插齿的刀具与工件均由机床驱动，属于强制啮合的展成运动。

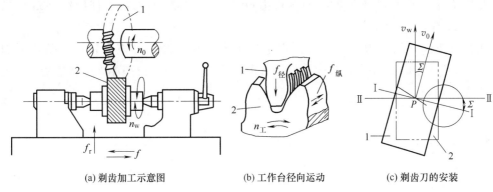

(a) 剃齿加工示意图   (b) 工作台径向运动   (c) 剃齿刀的安装

图 10-13　剃齿的工作原理

1—剃齿刀；2—工件

（2）剃齿的运动

剃齿时，必须具备以下运动。

① 主运动 n_0。剃齿刀的正反旋转运动为主运动，如图 10-13（a）所示。为了保证顺利切削，刀具时而正转时而反转。

② 工件的转动 n_w。工件安装在心轴上，它与剃齿刀啮合，由剃齿刀带动旋转，如图 10-13（a）所示。

③ 纵向进给运动 $f_{纵}$。为了能切出整个齿面，工作台必须做纵向进给运动。如图 10-13（b）所示。当工件加工完整个齿宽后，工作台反向移动，剃齿刀也反向啮合，使齿的两侧同样受到切削。

④ 径向进给运动 $f_{径}$。为了保持剃齿刀和工件间有一定的压力，工作台每次往复行程后，剃齿刀对工件作径向进给，如图 10-13（b）所示。

10.2.5　珩齿

珩齿是用于加工淬硬齿面的精加工方法。其运动关系与剃齿相同，不同的是所用的刀具不是金属的剃齿刀，而是用金刚砂磨料加环氧树脂等材料作结合剂浇注或热压而成的塑料齿轮——珩磨轮。在珩磨轮与工件"自由啮合"的过程中，珩磨轮以磨粒密布的齿面在一定的压力和相对滑移速度下进行切削，如图 10-14 所示。

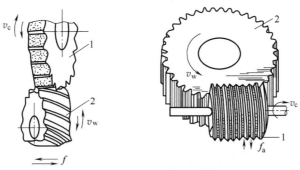

图 10-14　珩磨轮与珩磨原理

1—珩磨轮；2—工件

珩磨余量一般不超过 0.025mm，切削速度为 1.5m/s 左右，工件的纵向进给量为 0.3mm/r 左右。

珩齿修正误差的能力不强，主要用于减小齿轮热处理后的表面粗糙度值，可加工 $Ra1.6\sim0.4\mu m$ 的 7 级精度的淬火齿轮，常采用滚齿→剃齿→齿部淬火→修整基准→珩齿 的齿廓加工路线。

课后练习

（1）在滚齿机上加工齿轮时需要哪几种运动？

（2）插齿加工时，机床必须具备哪些运动？

（3）滚齿时，如何选择齿轮滚刀？

（4）简述展成法滚齿的工作过程。

（5）简述展成法插齿的工作过程。

（6）简述剃齿的工作过程。

（7）剃齿时，机床必须具备哪些运动？

（8）简述珩齿的工作过程。

第11章

数控加工与特种加工

学习目标

（1）了解数控机床的组成及其工作过程。
（2）了解常用数控机床的类型和特点。
（3）了解数控加工工艺的制订内容。
（4）了解电火花成形加工原理及应用范围。
（5）了解电火花线切割加工原理及应用范围。

11.1 数控机床

按加工要求预先编制程序，由控制系统发出数字信息指令对工件进行加工的机床，称为数控机床（Numerically-Controlled Machine Tools）。具有数控特性的各类机床均可称为相应的数控机床，如数控车床、数控铣床等。图 11-1 所示为数控车床的外形图。

图 11-1 数控车床外形图

11.1.1 数控机床的组成

数控机床的种类较多,组成各不相同。总体上讲,数控机床主要由控制介质、数控装置、伺服系统、测量反馈装置和机床主体等部分组成,如图 11-2 所示。

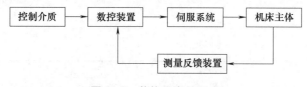

图 11-2　数控机床的组成

(1) 控制介质

控制介质是指将零件加工信息传送到数控装置去的程序载体。控制介质有多种形式,随数控装置类型的不同而不同,常用的有闪存卡、移动硬盘、U 盘等。随着计算机辅助设计/计算机辅助制造 (CAD/CAM) 技术的发展,在某些 CNC 设备上,可利用 CAD/CAM 软件先在计算机上编程,然后通过计算机与数控系统通信,将程序和数据直接传送给数控装置。

(2) 数控装置

数控装置是数控机床的核心,图 11-3 所示为某数控车床的数控装置。它由输入装置(如键盘)、控制运算器和输出装置(如显示器)等构成。它接收控制介质中的数字化信息或输入装置输入的数字化信息,经过控制软件或逻辑电路进行编译、运算和逻辑处理后,输出各种信号和指令,控制机床的移动部件,使其进行规定、有序的运动。

(3) 伺服系统

伺服系统由驱动装置和执行部件组成,如图 11-4 所示,它是数控机床的执行机构。伺服系统分为进给伺服系统和主轴伺服系统。伺服系统的作用是把来自数控装置的指令信号转换为机床移动部件的运动,使工作台(或溜板)精确定位或按规定的轨迹做严格的相对运动,最后加工出符合图样要求的零件。伺服系统作为数控机床的重要组成部分,其本身的性能直接影响整个数控机床的精度和速度。

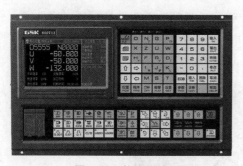

图 11-3　数控装置

(a) 伺服电动机

(b) 驱动装置

图 11-4　伺服系统

(4) 测量反馈装置

测量反馈装置的作用是通过测量元件将机床移动的实际位置、速度参数检测出来,转换成电信号，并反馈到数控装置中，使数控装置能随时判断机床的实际位置、速度是否与指令一致，并发出相应指令，纠正所产生的误差。测量反馈装置安装在数控机床的工作台或丝杠上。

(5) 机床主体

机床主体是数控机床的本体，主要包括床身、主轴、进给机构等机械部件，还有冷却、润滑、换刀、夹紧等辅助装置。

11.1.2 数控机床的工作过程

数控机床加工零件时，根据零件图样要求及加工工艺，将所用刀具、刀具运动轨迹与速度、主轴转速与旋转方向、冷却等辅助操作以及相互间的先后顺序，以规定的数控代码形式编制成程序，并输入到数控装置中，在数控装置内部控制软件的支持下，经过处理、计算后，向机床伺服系统及辅助装置发出指令，驱动机床各运动部件及辅助装置进行有序的动作与操作，实现刀具与工件的相对运动，加工出所要求的零件。图 11-5 所示为数控车床的工作过程示意图。

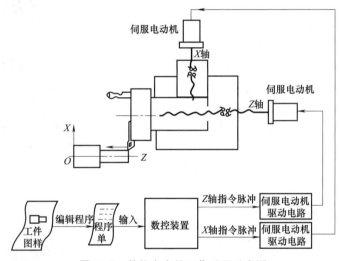

图 11-5 数控车床的工作过程示意图

11.1.3 常用数控机床的类型和特点

数控机床的品种很多，常用数控机床的类型和特点见表 11-1。

⊡ 表 11-1 常用数控机床的类型和特点

类型	特点	图示
数控车床	数控车床是一种用于完成车削加工的数控机床。其主运动为工件相对刀具旋转，切削能由工件而不是刀具提供	

类型	特点	图示
车削中心	指配有动力驱动刀具装置,使夹持工件主轴具有围绕其轴线定位能力的数控车床,并配有刀库,能自动换刀。能完成端面和径向的车、铣、钻、镗的加工	
数控铣床	数控铣床是以铣削为加工方式的数控机床。通常,铣刀旋转为主运动,工件或(和)铣刀的移动为进给运动	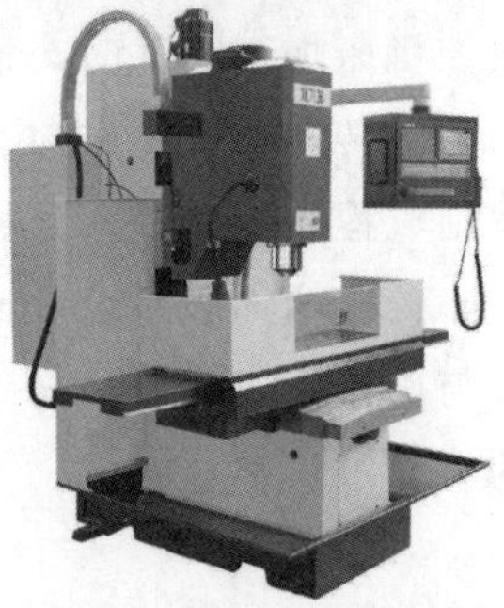
加工中心	加工中心是指带有刀库(带有回转刀架的数控车床除外)和刀具自动交换装置的数控机床。加工中心具有两种或两种以上加工方式(如铣削、镗削、钻削)	
数控磨床	数控磨床是利用磨具对工件表面进行磨削加工的机床。大多数磨床使用高速旋转的砂轮进行磨削加工,少数使用油石、砂带等其他磨具和游离磨料进行加工,如珩磨机、超精加工机床、砂带磨床、研磨机和抛光机等	
数控钻床	数控钻床是主要用钻头在工件上加工孔的机床。钻头旋转为主运动,钻头轴向移动为进给运动	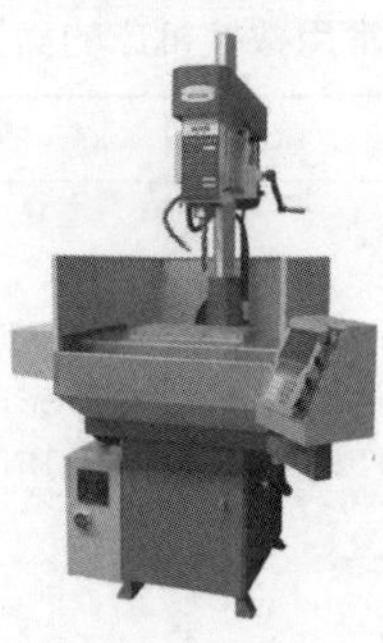

类型	特点	图示
数控电火花成形机床	数控电火花成形机床是用电火花成形加工方法加工型腔、型体、型孔、型面的电火花加工机床。其工作原理是利用两个不同极性的电极在绝缘液体中产生放电现象,去除材料进而完成加工。它适用于形状复杂的模具及难加工材料的加工	
数控线切割机床	以金属丝作工具电极对工件进行切割加工的电火花加工机床。其工作原理与数控电火花成形机床相同	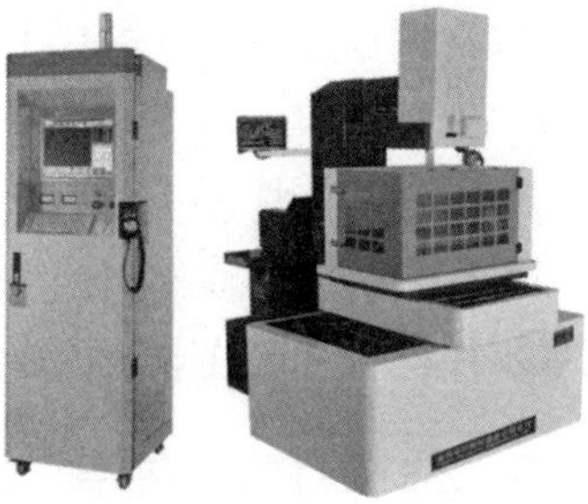

11.2 数控加工工艺

在数控机床上加工零件与在普通机床上加工零件所涉及的工艺问题大致相同,首先要对被加工零件进行工艺分析和处理,然后根据工艺装备(机床、夹具、刀具等)的特点拟订出合理的工艺方案,最后编制出零件的加工工艺和加工程序。

11.2.1 零件的工艺分析

(1) 选择并决定进行数控加工的内容

在选择并决定某个零件进行数控加工时,并不是说零件所有的加工内容都采用数控加工,数控加工可能只是零件加工工序中的一部分。因此,有必要对零件图样进行仔细分析,选择那些最适合、最需要进行数控加工的内容和工序。同时,还应结合实际情况解决工艺难题、提高生产效率和充分发挥数控加工的优势。

(2) 数控加工零件工艺性分析

当选择并决定数控加工零件及其加工内容后,应对零件的数控加工工艺性进行全面、认真、仔细的分析。

① 零件图样分析 分析零件图样是工艺准备中的首要工作,直接影响零件加工程序的编制及加工结果。首先,要熟悉零件在产品中的作用、位置、装配关系和工作条件,搞清各项技术要求对零件装配质量和使用性能的影响,找出主要和关键的加工工艺基准。其

次，分析及了解零件的外形、结构，零件上需加工的部位及其形状、尺寸精度和表面粗糙度要求；了解各加工部位之间的相对位置和尺寸精度；了解工件材料、毛坯尺寸、相关技术要求及工件的加工数量。最后，分析零件精度与各项技术要求是否齐全、合理；分析工序中的数控加工精度能否达到图样要求；找出零件图中有较高位置精度的表面，决定这些表面能否在一次装夹下完成；对零件表面质量要求较高的表面，确定是否使用恒线速功能进行加工。

② 零件图形的数学处理和编程尺寸的计算　零件图形数学处理的结果将用于编程，其结果的正确性将直接影响最终的加工结果。应进行以下处理：

a. 编程原点的选择。编程原点的选择要尽量满足编程简单、尺寸换算少、引起的加工误差小等条件。一般情况下选择在尺寸基准或定位基准上。

b. 编程尺寸的确定。在很多情况下，零件图样上的尺寸基准与编程所需要的尺寸基准不一致，所以应将零件图样上的各基准尺寸换算为编程坐标系中的尺寸，然后再进行下一步数学处理工作。

上述零件工艺性分析是后续合理选择机床、刀具、夹具及确定切削用量的重要依据。在进行图样分析时，若发现问题，应及时与设计人员或有关部门沟通，提出修改意见，以便完善零件的设计工作。

11.2.2　选择刀具、夹具

(1) 刀具的选择

一般优先选用标准刀具，不用或少用特殊的非标准刀具，必要时也可以采用各种高生产效率的复合刀具及一些专用刀具。此外，应结合实际情况，尽可能选用各种先进刀具，如可转位刀具、陶瓷刀具等。刀具的类型、规格和精度等级应符合加工要求，刀具材料应与工件材料相适应。

(2) 夹具的选择

数控加工的特点对夹具提出了两个基本要求：一是保证夹具的坐标方向与机床的坐标方向相对固定；二是要能确定工件与机床坐标系的尺寸。除此之外，重点考虑以下几点：

① 单件、小批量生产时，应优先使用通用夹具、组合夹具或可调夹具，以节省费用及缩短生产准备时间。

② 成批生产时，可采用专用夹具，但力求结构简单。

③ 装卸工件要方便、可靠，以缩短辅助时间，有条件且生产批量较大时，可采用液动、电动、气动或多工位夹具，以提高加工效率。

④ 夹具上的各零部件应不妨碍机床对工件各表面的加工，即夹具要敞开，其定位、夹紧机构元件不能影响加工中的进给（如产生碰撞等）。

11.2.3　确定加工路线

所谓加工路线，是指数控机床在加工过程中刀具刀位点相对于工件的运动轨迹。确定加工路线就是确定刀具刀位点运动的轨迹和方向，也就是程序编制的轨迹和运动方向。因此，在确定加工路线时，最好画一张工序简图，将已经拟定好的加工路线画上去（包括进、退刀路线），这样可为编程带来不少方便。

加工路线的确定与工件的加工精度和表面粗糙度直接相关，在确定加工路线时要考虑以下几点：

① 对点位加工的数控机床，如钻床、镗床等，要考虑尽可能缩短加工路线，以减少空程时间，提高加工效率。以图 11-6（a）所示工件的加工为例，按照一般习惯，都是先加工一圈均布于圆上的 8 个孔，然后再加工另外一圈，如图 11-6（b）所示。但对于数控加工来说，这并不是最好的加工路线。若进行必要的尺寸换算，按图 11-6（c）所示的路线加工，比常规加工路线要短，并且还可以缩短定位时间。

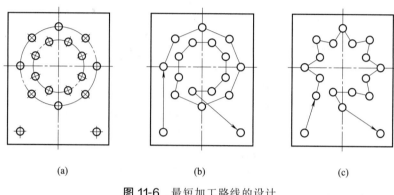

(a)　　　　　　　　　(b)　　　　　　　　　(c)

图 11-6　最短加工路线的设计

② 为保证工件轮廓加工后满足表面粗糙度的要求，最终完工轮廓应由最后一刀连续加工而成。这时，刀具的进、退刀位置要考虑妥当，尽量不要在连续的轮廓中安排切入和切出或换刀及停顿，以免因切削力突然变化而造成弹性变形，致使光滑连接轮廓上产生表面划伤、形状突变或接刀痕等缺陷。

③ 刀具的进、退刀路线须认真考虑，要尽量避免在轮廓处接刀，对刀具的切入和切出要仔细设计。例如，在铣削平面轮廓零件外形时，一般是利用立铣刀的圆周刃进行切削，这样在加工时，其切入和切出部分应设计外延路线，以保证工件轮廓形状的平滑。如图 11-7 所示的零件加工，应当避免径向切入和切出零件轮廓，而应沿零件轮廓外形的延长线切入和切出，这样可以避免在轮廓切入和切出处留下刀痕。在铣削平面零件时，还要避免在被加工表面范围内的垂直方向下刀或抬刀，因为这样会留下较大的划痕。

④ 铣削轮廓的加工路线要合理选择。图 11-8 是一个铣槽的例子，图 11-8（a）为行切法进给方式，图 11-8（b）为环切法进给方式，图 11-8（c）为先行切最后环切的进给方式。为了保证凹槽侧面达到所要求的表面质量，最终轮廓应由最后环切进给连续加工出来最好，所以图 11-8（c）的加工路线方案最好。

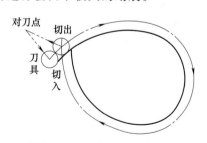

图 11-7　刀具切入和切出方式

⑤ 旋转体类零件的加工一般采用数控车床或数控磨床加工，由于车削零件的毛坯多为棒料或锻件，加工余量大且不均匀，因此，合理制订粗加工时的加工路线对于编程至关重要。图 11-9 所示为手柄加工实例，其轮廓由三段圆弧组成，由于加工余量较大且不均匀，因此，比较合

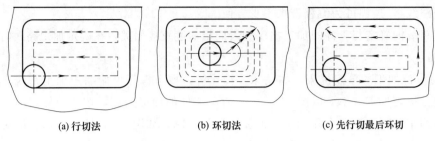

| (a) 行切法 | (b) 环切法 | (c) 先行切最后环切 |

图 11-8　铣凹槽的三种加工方案

理的方案是先用直线和斜线加工路线车去图中细双点画线所示的加工余量，再用圆弧路线进行精加工。

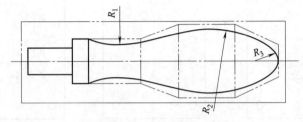

图 11-9　直线、斜线加工路线

11.2.4　确定切削用量

制订数控加工工艺时，一般是根据工件材料、加工要求、刀具材料及类型、机床刚度、主轴功率等因素来确定切削用量。

(1) 背吃刀量的确定

背吃刀量可根据数控机床、工件、刀具系统的刚度来确定。在刚度允许的情况下，尽可能选取较大的背吃刀量，以减少进给次数，提高生产效率。当零件的精度要求较高时，则应考虑适当留出半精加工和精加工余量，所留精加工余量一般比普通加工时留的余量小。车削和镗削加工时，常取精加工余量为 0.1～0.5mm；铣削时，则常取为 0.2～0.8mm。

(2) 主轴转速的确定

确定主轴转速时，根据允许的切削速度计算值，从机床说明书规定的转速值中选定相近的转速值，通常以主轴转速代码填入程序单。根据数控加工的实践经验，允许的切削速度常选用 100～200m/min，加工铝镁合金时可再提高一倍。

(3) 进给速度的确定

通常根据零件加工精度和表面质量要求选取进给速度。要求较高时，进给速度应选得小些，可在 20～50mm/min 范围内选取。最大进给速度受机床特性限制（如拖动系统性能），并与脉冲当量有关。

11.3　特种加工

特种加工是主要利用电、磁、声、光、热、液、化学等能量单独或复合地对材料进行去除、堆积、变形、改性、镀覆等的非传统加工方法。特种加工技术种类繁多，本节仅介绍电火花加工。

在一定的介质中，通过工件和工具电极间脉冲火花放电，使工件材料熔化、汽化而被去除或在工件表面进行材料沉积的加工方法，称为电火花加工。电火花加工主要有电火花成形加工、电火花线切割加工等。

11.3.1 电火花成形加工

采用成形工具电极的电火花加工，称为电火花成形加工。用电火花成形加工方法加工型腔、型体、型孔、型面的电火花加工机床，称为电火花成形加工机床。

电火花成形加工机床主要由床身、主轴头、立柱、数控电源柜、工作台及工作液箱等部分组成，如图11-10所示。

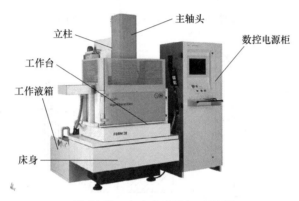

图11-10 电火花成形加工机床

(1) 加工原理

电火花成形加工原理如图11-11所示。电火花加工是在液体介质中进行的，机床的自动进给调节装置使工件和工具电极之间保持适当的放电间隙，当在工具电极和工件之间施加很强的脉冲电压（达到间隙中介质的击穿电压）时，会击穿介质绝缘强度最低处。由于放电区域很小，放电时间极短，所以能量高度集中，放电区的温度瞬时高达10000～12000℃，工件表面和工具电极表面的金属局部熔化甚至汽化蒸发。局部熔化和汽化的金属在爆炸力的作用下被抛入工作液中，并被冷却为金属小颗粒，然后被工作液迅速冲离工作区，从而使工件表面形成一个微小的凹坑。一次放电后，介质的绝缘强度恢复，等待下一次放电。如此反复使工件表面不断被蚀除，并在工件上复制出工具电极的形状，从而达到成形加工的目的。

(2) 应用范围

① 适用于难切削材料的成形加工。由于电火花成形加工是靠脉冲放电的电热作用蚀除工件材料的，与工件的力学性能关系不大，因此，对传统切削加工工艺难以加工的超硬材料如人造聚晶金刚石（PCD）及立方氮化硼（CBN）等是极好的补充加工手段。

② 可加工特殊的、形状复杂的零件。由于放电蚀除材料不会产生大的机械切削力，因此对脆性材料如导电陶瓷或薄壁刚度弱的航空航天零件，以及普通切削刀具易发生干涉

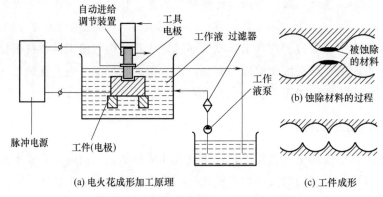

(a) 电火花成形加工原理　　　　　　　　(c) 工件成形

图 11-11　电火花成形加工原理示意图

而难以进行加工的精密微细异形孔、深小孔、狭长缝隙、弯曲轴线的孔、型腔等，均适宜采用电火花成形加工。图 11-12 所示为适宜用电火花成形加工的典型工件示意图。

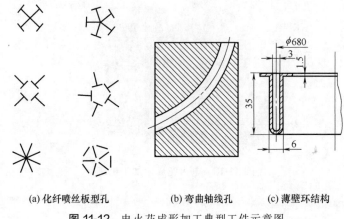

(a) 化纤喷丝板型孔　　　　(b) 弯曲轴线孔　　　　(c) 薄壁环结构

图 11-12　电火花成形加工典型工件示意图

③ 当脉冲宽度不大（不大于 $8\mu s$）时，由于单个脉冲能量不大，放电又是浸没在工作液中进行的，因此对整个工件而言，在加工过程中几乎不受热的影响，有利于加工热敏感材料。采取一定工艺措施后，还可获得镜面加工的效果。

④ 加工的放电脉冲参数可以任意调节，在同一台机床上可完成粗、中、精加工过程，且易于实现加工过程的自动化。

⑤ 采用电火花成形加工还有助于改进和简化产品的结构设计与制造工艺，提高其使用性能。例如，航天火箭的燃气涡轮采用常规机械加工工艺时，只能分解加工，然后镶拼、焊接；而利用多轴联动数控电火花成形机床可进行涡轮整体加工，从而大大简化了结构，减轻了零件质量，提高了涡轮的性能。

11.3.2　电火花线切割加工

用沿着自身轴线方向运行的电极丝作工具电极，对工件进行切割的电火花加工，称为电火花线切割加工。以金属丝作工具电极对工件进行切割加工的电火花加工机床，称为电火花线切割机床，如图 11-13 所示。

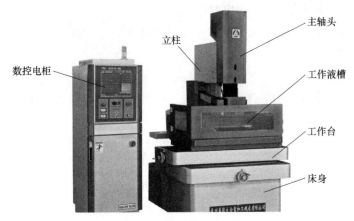

图 11-13 电火花线切割机床

（1）**加工原理**

电火花线切割加工原理与电火花成形加工原理相同，只是将工具电极变成金属丝电极。根据电极丝运动的方式不同，电火花线切割机床可分为快速走丝电火花线切割机床和慢速走丝电火花线切割机床两大类。快速走丝电火花线切割加工原理如图 11-14 所示。加工时在电极丝和工件上加脉冲电源，使电极丝与工件之间发生脉冲放电，产生高温使金属熔化或汽化，从而得到所需要的工件。

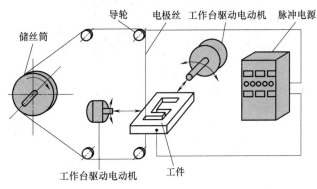

图 11-14 快速走丝电火花线切割加工原理示意图

（2）**加工特点**

① 可以加工用传统切削加工方法难以加工或无法加工的形状复杂的工件，如图 11-15 所示。

② 利用电蚀加工原理，电极丝与工件不直接接触，两者之间的作用力很小，故工件变形小，电极丝、夹具不需要太高的强度。

③ 在传统切削加工中，刀具硬度必须比工件大，而电火花线切割的电极丝材料不必比工件材料硬，可加工任何导电的固体材料。

图 11-15 复杂形状工件

④ 直接利用电能进行加工，可以方便地对影响加工精度的加工参数进行调整，有利于加工精度的提高，便于实现加工过程自动化。

⑤ 电火花线切割不能加工非导电材料。

⑥ 与一般切削加工相比,线切割加工金属去除率低,因此其加工成本高,不适合加工形状简单的大批工件。

(3) 应用范围

线切割主要用于模具加工、新产品试制、精密零件加工、贵重金属下料等。

① 模具加工。绝大多数冲裁模具都采用线切割加工制造,因为只需计算一次,编好程序后就可加工出凸模、凸模固定板、凹模及卸料板。此外,还可加工粉末冶金模、压弯模及塑压模等。

② 新产品试制。新产品试制时,一些关键件往往需用模具制造,但加工模具周期长且成本高,采用线切割加工可以直接切制零件,从而缩短新产品的试制周期。

③ 精密零件加工。如图 11-16 所示,在精密型孔、样板、精密狭槽等的加工中,利用机械切削加工很困难,而采用线切割加工则比较简单。

图 11-16　线切割加工的零件

④ 贵重金属下料。由于线切割加工用的电极丝尺寸远小于切削刀具尺寸(最细的电极丝尺寸可达 0.02mm),用它切割贵重金属,可节约很多切缝消耗。

课后练习

(1) 什么是数控机床?

(2) 数控机床一般是由哪几部分组成的?各部分有何作用?

(3) 简述数控机床的工作过程。

(4) 零件图样分析的内容有哪些?

(5) 什么是加工路线?确定加工路线时一般要考虑哪些问题?

(6) 制订数控加工工艺时,如何确定切削用量?

(7) 简述电火花成形加工原理。

(8) 电火花线切割加工具有哪些特点?

第**12**章

机械加工工艺规程

学习目标

（1）了解生产过程的内容，掌握工艺过程的组成。

（2）了解生产类型和生产纲领的关系。

（3）了解常用的机械加工工艺文件的基本格式。

（4）掌握基准的概念及基准的选择。

（5）掌握机械加工工艺路线的拟定。

机械加工工艺规程是规定产品或零部件机械加工工艺过程和操作方法等的工艺文件。

12.1 基本概念

12.1.1 生产过程和工艺过程

（1）生产过程

生产过程是指将原材料转变为成品的全过程。对机械制造而言，生产过程一般包括：原材料、半成品和成品的运输和保存；生产和技术准备工作，如产品的开发和设计、工艺及工艺装备的设计与制造等；毛坯制造和处理，零件的机械加工，热处理及其他表面处理；部件或产品的装配、检测、调试、包装等。

（2）工艺过程

在生产过程中，凡是改变生产对象的形状、尺寸、相对位置或性质等，使其成为成品或半成品的过程就称为工艺过程。工艺过程是生产过程中的主要部分。机械加工车间中采用机械加工的方法，直接改变毛坯的形状、尺寸和表面质量等，使其成为零件的过程称为机械加工工艺过程。

在机械加工工艺过程中，根据被加工零件的结构特点和技术要求，在不同的生产条件下，需要采用不同的加工方法和装备，按照一定的顺序依次进行才能完成由毛坯到零件的转变过程。因此，机械加工工艺过程是由一个或若干个顺序排列的工序组成的，而工序又由安装、工位、工步和进给组成。

① 工序　一个或一组工人，在一个工作地对一个或同时对几个零件所连续完成的一部分工艺过程称为工序。划分工序的依据是工作地是否发生变化和工作是否连续。如图 12-1 所示的阶梯轴，当加工数量不同时，其工艺过程的工序划分也不同，见表 12-1。

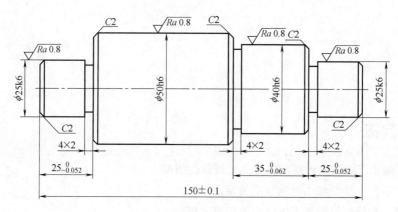

图 12-1　阶梯轴

▢ 表 12-1　阶梯轴工序划分

批量	工序	工序内容	设备
单件、小批量	1	车两端面、钻两端中心孔	车床
	2	车外圆、车槽和倒角	车床
	3	去毛刺	钳工台
	4	磨外圆	磨床
大批量生产	1	两端同时铣端面、钻中心孔	专用机床
	2	车一端外圆、槽和倒角	车床
	3	车另一端外圆、槽和倒角	车床
	4	去毛刺	钳工台或专门去毛刺机
	5	磨外圆	磨床

② 安装　在加工前确定工件在机床上或夹具中占有正确位置的过程称为定位。工件定位后将其固定，使其在加工过程中保持定位位置不变的操作称为夹紧。将工件在机床上或夹具中定位、夹紧的过程称为装夹。工件经一次装夹后所完成的那一部分工序称为安装。在一道工序中，工件可能要安装一次或多次才能完成加工，例如，表 12-1 中单件、

小批量生产工艺过程中的工序 1 需要两次安装。工件在加工过程中，应尽量减少安装次数，因为多一次安装就会增加安装时间，还会增大装夹误差。

③ 工位　在加工过程中工件经一次装夹后如需做若干位置的改变，则工件与夹具或机床的可动部分一起，相对刀具或机床的固定部分所占据的

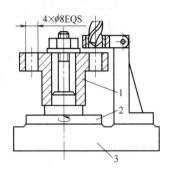

每一个位置（每一位置有一个或一组相应的加工表面）上所进行的那部分加工过程称为一个工位。如图 12-2 所示在普通立式钻床上钻法兰盘的四个等分轴向孔，当钻完一个孔后，工件连同夹具回转部分一起分别转过 90°，然后钻另一个孔。该工序包括一个安装、四个工位。

④ 工步　在加工表面（或装配时的连接面）和加工（或装配）工具、切削用量不变的情况下，所连续加工的同一个或同一组表面的那一部分工序内容称为工步。划分工步的依据是加工表面、切削用量和工具是否变化。例如，车削图 12-3 所示的支承轴零件，包括九个工步：车端面 A、车

图 12-2　多工位加工示例
1—工件；2—夹具回转部分；
3—夹具体

$\phi30mm$ 外圆、车 $\phi14h7$ 外圆、车端面 B、车槽 $\phi13mm \times 1mm$、倒角 $C1mm$、切断、车端面 C、倒角 $C1.5mm$。为简化工艺文件，在一次安装中连续进行的若干个相同的工步，通常看作一个工步。如图 12-4 所示，钻削零件上六个 $\phi20mm$ 孔，可写成一个工步"钻 $6 \times \phi20mm$ 孔"。按照工步的定义，带回转刀架的机床（如转塔车床、加工中心等），其回转刀架的一次转位所完成的工位内容应属于一个工步。此时若有几把刀具同时参与切削，该工步称为复合工步。如图 12-5 所示为立轴转塔车床回转刀架，图 12-6 所示为利用该刀架加工齿轮内孔及外圆的一个复合工步。在数控加工中，通常将一次安装下用一把刀具连续切削工件上的多个表面划分为一个工步。

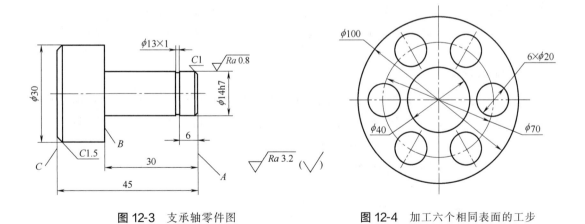

图 12-3　支承轴零件图　　　　　　　　图 12-4　加工六个相同表面的工步

⑤ 进给　在一个工步内，若被加工表面需切除的余量较大，可分几次切削，每次切削称为一次进给。车削图 12-7 所示的阶梯轴，第一工步（车削 $\phi80mm$ 外圆）为一次进给，第二工步（车削 $\phi60mm$ 外圆）为二次进给。

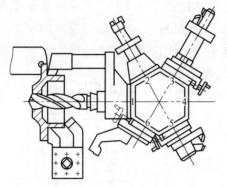

图 12-5 立轴转塔车床回转刀架

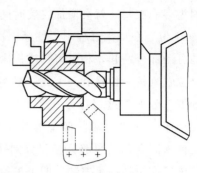

图 12-6 立轴转塔车床上的一个复合工步

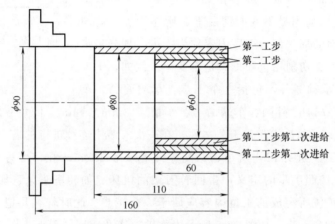

图 12-7 阶梯轴的车削进给

12.1.2 生产纲领和生产类型

各种机械产品的结构、技术要求等差异很大，但它们的制造工艺存在着很多共同的特征。这些共同的特征取决于企业的生产类型，而企业的生产类型又由企业的生产纲领决定。

(1) 生产纲领

企业在计划期内应当生产的产品产量和进度计划称为生产纲领。计划期通常为一年，所以生产纲领又称年产量。零件的生产纲领还包括一定的备品和废品的数量，可按下式计算：

$$N = Q \times n \times (1+\alpha) \times (1+\beta)$$

式中　N——零件的年产量，件/年；

　　　Q——产品的年产量，台/年；

　　　n——每台产品中该零件的数量，件/台；

　　　α——备品的百分率，%；

　　　β——废品的百分率，%。

(2) 生产类型

在机械制造中，按照企业（或车间、工段、班组、工作地）生产专业化程度，一般可分为单件生产、大量生产和成批生产三种类型。

① 单件生产　单件生产是指产品品种多，而每一种产品的结构、尺寸不同，且产量很少，各个工作地点的加工对象经常改变，且很少重复的生产类型。如新产品试制、重型机械和专用设备的制造等均属于单件生产。

② 大量生产　大量生产是指产品数量大，大多数工作地点长期按一定节拍进行某一个零件的某一道工序的加工。如汽车、摩托车、柴油机等的生产均属于大量生产。

③ 成批生产　成批生产是指一年中分批轮流地制造几种不同的产品，每种产品均有一定的数量，工作地点的加工对象周期性地重复。如机床、电动机等均属于成批生产。每一次投入或产出的同一产品（或零件）的数量称为生产批量，简称批量。批量可根据零件的年产量及一年中的生产批数计算确定。一年的生产批数根据用户的需要、零件的特征、流动资金的周转、仓库容量等具体情况确定。按批量的多少，成批生产又可分为小批、中批和大批生产三种。在工艺中，小批生产和单件生产相似，常合称为单件、小批量生产；大批生产和大量生产相似，常合称为大批大量生产；成批生产通常仅指中批生产。产品的不同生产类型和生产纲领的关系见表12-2。

▣ 表12-2　生产类型和生产纲领的关系

生产类型		生产纲领/（台/年或件/年）		
		轻型零件（4kg以下）	中型零件（4～30kg）	重型零件（30kg以上）
单件生产		≤100	≤10	≤5
成批生产	小批生产	>100～500	>10～150	>5～100
	中批生产	>500～5000	>150～500	>100～300
	大批生产	>5000～50000	>500～5000	>300～1000
大量生产		>50000	>5000	>1000

生产类型不同，产品和零件的制造工艺、工艺装备、设备、技术措施、经济效果等也不相同。大批大量生产采用高效率的工艺装备及专用机床，加工成本低，经济效益高。单件、小批量生产通常采用通用设备及工艺装备，生产效率低，加工成本高。数控加工主要用于单件、小批量生产和成批生产。

12.1.3　机械加工工艺文件

将工艺规程的内容填入一定格式的卡片，即形成工艺文件。工艺文件是指导工人操作和用于生产、工艺管理的技术文件，常用的机械加工工艺文件的基本格式有以下三种。

(1) 机械加工工艺过程卡片

机械加工工艺过程卡片简称过程卡片或路线卡片，见表12-3。它是以工序为单位说明一个零件全部加工过程的工艺卡片。这种卡片主要用于单件、小批量生产的生产管理。

(2) 机械加工工艺卡片

机械加工工艺卡片是以工序为单元，详细说明产品（或零、部件）在某一工艺阶段中的工序号、工序名称、工序内容、工艺参数、操作要求以及采用的设备和工艺装备等的工艺卡片。机械加工工艺卡片的格式见表12-4，它广泛用于批量生产的零件和小批量生产的重要零件。

⊡ 表 12-3　机械加工工艺过程卡片

机械加工工艺过程卡片		产品型号		零(部)件图号				
		产品名称		零(部)件名称		共　页	第　页	

材料牌号		毛坯种类		毛坯外形尺寸		每毛坯可制件数		每台件数		备注	

工序号	工序名称		工序内容		车间	工段	设备	工艺装备	工时	
									单件	最终
1										
2										
3										
4										

						设计(日期)	审核(日期)	标准化(日期)	会签(日期)

标记	处数	更改文件号	签字	日期	标记	处数	更改文件号	签字	日期

⊡ 表 12-4　机械加工工艺卡片

（工厂）	机械加工工艺卡片		产品型号		零(部)件图号		共　页
			产品名称		零(部)件名称		第　页

材料牌号		毛坯种类		毛坯外形尺寸		每毛坯件数		每台件数		备注

工序	装夹	工步	工序内容	同时加工零件数	切削用量				设备名称及编号	工艺装备名称及编号			技术等级	工时	
					背吃刀量/mm	切削速度/(m/min)	主轴转速/(r/min)	进给量/(mm/r 或 mm/min)		夹具	刀具	量具		单件	最终

						编制(日期)	审核(日期)	会签(日期)

标记	处数	更改文件号	签字	日期	标记	处数	更改文件号	签字	日期

(3) 机械加工工序卡片

机械加工工序卡片是在机械加工工艺过程卡片或机械加工工艺卡片的基础上，对每道工序所编制的一种工艺文件。一般具有工序简图，并详细说明该工序每个工步的加工（或装配）内容、工艺参数、操作要求以及所用设备和工艺装备等，用以具体指导工人进行操作，其内容比机械加工工艺卡片更详细，常用于大批大量生产中。机械加工工序卡片的格式见表 12-5。

☐ **表 12-5 机械加工工序卡片**

××××	机械加工工序卡片	产品型号		零(部)件图号		共 页	
		产品名称		零(部)件名称		第 页	

	车间	工序号	工序名称	材料牌号

	毛坯种类	毛坯外形尺寸	每个毛坯可制件数	每台件数
(工序简图)				

	设备名称	设备型号	设备编号	同时加工件数

	夹具名称		夹具编号	切削液

	工位器具名称		工位器具编号	工序工时	
				最终	单件

工步号	工步内容	工艺装备	主轴转速/(r/min)	切削速度/(m/min)	进给量/(mm/r)	背吃刀量/mm	进给次数	工步工时	
								机动	辅助

				设计(日期)	审核(日期)	标准化(日期)	会签(日期)

标记	处数	更改文件号	签字	日期	标记	处数	更改文件号	签字	日期				

12.2 基准的选择

12.2.1 基准的概念及分类

(1) 基准的概念

所谓基准，就是用来确定生产对象上几何要素的几何关系所依据的那些点、线、面。

(2) 基准的分类

根据功用的不同，基准又可分为设计基准和工艺基准两大类。

① 设计基准 设计基准是指零件设计图样上用来确定其他点、线、面的位置基准。如图 12-8（a）所示零件，对尺寸 30mm 而言，B 面是 A 面的设计基准，或者 A 面是 B 面的设计基准，它们互为设计基准。图 12-8（b）所示零件，对于径向圆跳动而言，

ϕ40h6 圆柱面的轴线是 ϕ30h6 外圆的设计基准，而 ϕ40h6 圆柱面的设计基准是它本身的轴线。图 12-8（c）所示零件，对尺寸 44.5mm 而言，键槽底面的设计基准是圆柱面的下素线 D。图 12-8（d）所示零件，对尺寸 $S\phi$50mm 来说，球面的设计基准是球心。对于整个零件而言，往往有很多位置尺寸和位置精度要求，但在各个方向上通常有一个主设计基准。主设计基准常与装配基准重合。如图 12-8（b）所示零件，轴向的主设计基准是 A 面，径向的主设计基准是 ϕ40h6 外圆柱面的轴线。

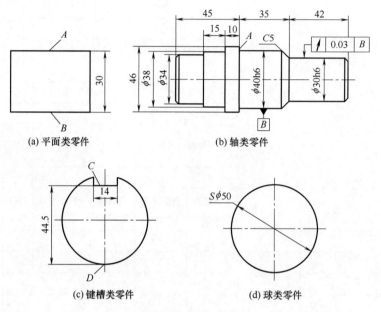

(a) 平面类零件　　(b) 轴类零件

(c) 键槽类零件　　(d) 球类零件

图 12-8　设计基准

② 工艺基准　工艺基准是指工艺过程中所采用的基准。按其作用不同，工艺基准可分为工序基准、定位基准、测量基准和装配基准。

a. 工序基准。工序基准是指工序图上用来确定本工序所加工表面加工后的尺寸、形状和位置的基准。如图 12-9 所示某钻孔工序的工序图，工序基准为 A 面。某工序加工应达到的尺寸称为工序尺寸，如图 12-9 所示尺寸（20±0.1）mm 和 $\phi 5^{+0.12}_{0}$ mm。

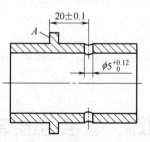

图 12-9　某钻孔工序图

b. 定位基准。在加工中用作定位的基准称为定位基准。定位基准用来确定工件在机床上或夹具中的正确位置。在使用夹具时，其定位基准就是工件与夹具定位组件相接触的点、线、面。图 12-10 所示为铣削套筒键槽时的两种定位情形：按平面定位［图 12-10（b）］时，工件的下母线是定位基准；按心轴定位［图 12-10（c）］时，工件以孔轴线作为定位基准。

c. 测量基准。测量时所采用的基准称为测量基准。如图 12-11 所示，测量 7mm 时，以小圆柱面上素线 A 为测量基准；测量 50mm 时，以大圆柱面的下素线 B 为测量基准。测量基准可以是点、线、面。

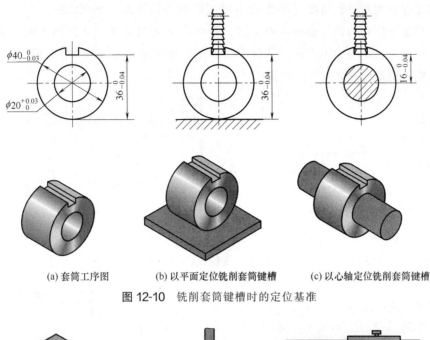

(a) 套筒工序图　　　(b) 以平面定位铣削套筒键槽　　　(c) 以心轴定位铣削套筒键槽

图 12-10 铣削套筒键槽时的定位基准

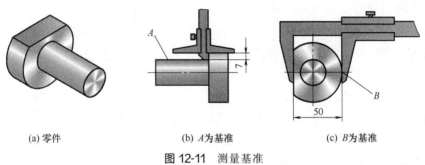

(a) 零件　　　(b) A为基准　　　(c) B为基准

图 12-11 测量基准

　　d. 装配基准。装配基准是指装配时用来确定零件或部件在产品中的相对位置所采用的基准。如图 12-12 所示的齿轮装配在轴上，则齿轮的孔 A 及端面 B 为装配基准。

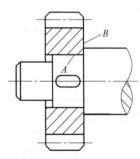

图 12-12 装配基准

12.2.2　定位基准的选择

　　定位基准分为粗基准和精基准。在机械加工的第一道工序中，只能使用毛坯上未加工的表面作为定位基准，这种基准称为粗基准。在以后的工序中，可以采用已加工过的表面作为定位基准，这种基准称为精基准。

(1) 粗基准的选择原则

　　选择粗基准时，必须达到以下两个基本要求：其一，要保证所有加工表面都有足够的加工余量；其二，应保证工件加工表面和不加工表面之间有一定的位置精度。具体可按下列原则选择：

　　① 相互位置要求原则　　选取与加工表面相互位置精度要求较高的不加工表面作为粗基准，以保证不加工表面与加工表面的位置要求。如果零件上有多个不加工表面，则应以

其中与加工表面相互位置精度要求高的不加工表面为粗基准。如图 12-13（a）所示的零件，为了保证壁厚均匀，应选择不加工的孔及内表面为粗基准。又如图 12-13（b）所示的零件，径向有三个不加工表面，若外圆表面 ϕA 与孔 $\phi 50^{+0.1}_{\ 0}\mathrm{mm}$ 之间的壁厚均匀度要求较高，则应选择外圆 ϕA 为径向粗基准。

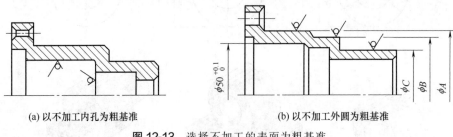

(a) 以不加工内孔为粗基准   (b) 以不加工外圆为粗基准

图 12-13　选择不加工的表面为粗基准

② 加工余量合理分配原则　对于全部表面都需要加工的零件，应该选择加工余量最小的表面作为粗基准，这样不会因为位置偏移而导致余量太小的部位加工不出来。如图 12-14 所示阶梯轴，毛坯大、小端外圆有 5mm 的偏心，应以余量较小的 $\phi 58\mathrm{mm}$ 外圆表面作粗基准。如果选 $\phi 114\mathrm{mm}$ 外圆作粗基准加工 $\phi 58\mathrm{mm}$ 外圆，则无法加工出 $\phi 50\mathrm{mm}$ 外圆。

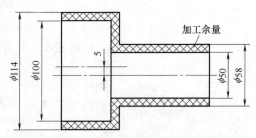

图 12-14　阶梯轴的粗基准选择

③ 重要表面原则　为保证重要表面的加工余量均匀，应选择重要加工面为粗基准。如图 12-15 所示床身导轨的加工，为了保证导轨面的金相组织均匀一致并且有较高的耐磨性，应使其加工余量小而均匀。因此，应先选择导轨面为粗基准，加工与床腿的连接面，如图 12-15（a）所示。然后再以连接面为精基准，加工导轨面，如图 12-15（b）所示。这样才能保证加工导轨面时被切去的金属层尽可能薄而且均匀。

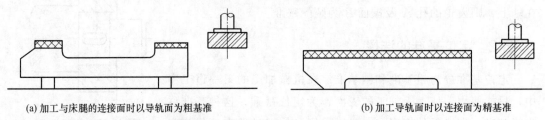

(a) 加工与床腿的连接面时以导轨面为粗基准   (b) 加工导轨面时以连接面为精基准

图 12-15　床身导轨加工粗基准的选择

④ 不重复使用原则　粗基准未经加工，表面比较粗糙且精度低，二次安装时，其在机床上（或夹具中）的实际位置可能与第一次安装时不一样，从而产生定位误差，导致相应加工表面出现较大的位置误差。因此，粗基准一般不应重复使用。如图 12-16 所示的零件，若在加工端面 A 和内孔 C、钻孔 D 时，均使用未经加工的 B 表面定位，则钻孔的位置精度就会相对于内孔和端面产生偏差。当然，若毛坯制造精度较高，而工件加工精度要求不高，则粗基准也可重复使用。

⑤ 便于工件装夹原则　作为粗基准的表面，应尽量平整、光滑，没有飞翅、冒口、

浇口或其他缺陷，以便使工件定位准确、夹紧可靠。

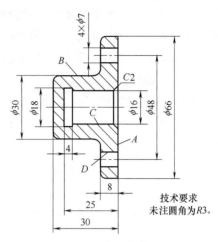

（2）精基准的选择原则

精基准选择考虑的重点是如何保证工件的加工精度，并使工件装夹准确、可靠、方便，以及夹具结构简单。选择精基准一般应遵循下列原则：

① 基准重合原则　直接选择加工表面的设计基准为定位基准，称为基准重合原则。采用基准重合原则可以避免由定位基准与设计基准不重合而引起的定位误差（基准不重合误差）。如图 12-17（a）所示的零件，欲加工孔 3，其设计基准是面 2，要求保证尺寸 A。在用调整法加工时，若以面 1 为定位基准，如图 12-17（b）所示，则直接保证的尺寸

图 12-16　粗基准重复使用的误差

是 C，尺寸 A 是通过控制尺寸 B 和 C 间接保证的。因此，尺寸 A 的公差为：

$$T_A = A_{max} - A_{min} = C_{max} - B_{min} - (C_{min} - B_{max}) = T_B + T_C$$

由此可以看出，尺寸 A 的加工误差中增加了一个从定位基准（面 1）到设计基准（面 2）之间尺寸 B 的误差，这个误差就是基准不重合误差。由于基准不重合误差的存在，只有提高本道工序尺寸 C 的加工精度，才能保证尺寸 A 的精度；当本道工序尺寸 C 的加工精度不能满足要求时，还需提高前道工序尺寸 B 的加工精度，增加了加工的难度。若按图 12-17（c）所示用面 2 定位，则符合基准重合原则，可以直接保证尺寸 A 的精度。

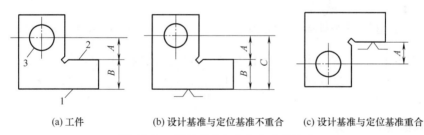

(a) 工件　　　　(b) 设计基准与定位基准不重合　(c) 设计基准与定位基准重合

图 12-17　设计基准与定位基准的关系

应用基准重合原则时，要具体情况具体分析。定位过程中产生的基准不重合误差是在用夹具装夹、调整法加工一批工件时产生的。若用试切法加工，设计要求的尺寸一般可直接测量，不存在基准不重合误差问题。在带有自动测量功能的数控机床上加工时，可在工艺中安排坐标系检测工步，即每个零件加工前由 CNC 系统自动控制测量头检测设计基准并自动计算、修正坐标值，消除基准不重合误差。在这种情况下，可不必遵循基准重合原则。

② 基准统一原则　同一零件的多道工序尽可能选择同一个定位基准，称为基准统一原则。这样既可保证各加工表面间的相互位置精度，避免或减少因基准转换而引起的误差，又简化了夹具的设计与制造工作，降低了成本，缩短了生产准备周期。例如，轴类零件以两中心孔定位加工各台阶外圆表面，可保证各台阶外圆表面的同轴度精度。

基准重合和基准统一原则是选择精基准的两个重要原则，但实际生产中有时会遇到两者相互矛盾的情况。此时，若采用统一定位基准能够保证加工表面的尺寸精度，则应遵循基准统一原则；若不能保证尺寸精度，则应遵循基准重合原则，以免使工序尺寸的实际公差值减小，增大加工难度。

③ 自为基准原则　对于研磨、铰孔等精加工或光整加工工序，要求余量小而均匀，选择加工表面本身作为定位基准，称为自为基准原则。例如，图 12-18 所示为在磨削机床床身导轨面时，在磨头上装百分表找正导轨面本身以保证加工余量均匀，从而满足对导轨面的质量要求。另外，采用浮动铰刀铰孔、用拉刀拉孔、在无心磨床上磨削外圆以及珩孔等都是以加工表面本身为定位基准的。采用自为基准原则时，只能提高加工表面本身的尺寸精度、形状精度，而不能提高加工表面的位置精度。加工表面的位置精度应由前道工序保证。

④ 互为基准原则　为使各加工表面之间具有较高的位置精度，或为使加工表面具有均匀的加工余量，可采取两个加工表面互为基准反复加工的方法，称为互为基准原则。例如，图 12-19 所示的轴承座零件，外圆 ϕC 的轴线对孔 ϕD 轴线同轴度公差为 $\phi 0.02 \text{mm}$。在精加工时，首先以外圆定位磨削孔，然后再以孔定位磨削外圆，以达到同轴度要求。

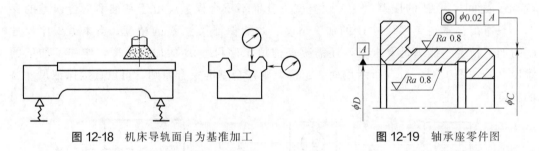

图 12-18　机床导轨面自为基准加工　　　　图 12-19　轴承座零件图

⑤ 便于装夹原则　所选精基准应能保证工件定位准确、稳定，装夹方便、可靠，夹具结构简单、适用，操作方便、灵活。同时，定位基准应有足够大的接触面积，以承受较大的切削力。

(3) 辅助基准的选择

在切削加工过程中，有时找不到合适的表面作为定位基准，为了方便装夹和易于获得所需要的加工精度，可在工件上特意加工出供定位用的表面。这种为了满足工艺需要，在工件上专门设计的定位面称为辅助基准。

辅助基准在切削加工中应用比较广泛，如轴类工件加工所用的两个中心孔，它不是工件的工作表面，只是出于工艺上的需要才加工出的。又如图 12-20 所示的工件，为安装方便，毛坯上专门铸出工艺搭子，也是典型的辅助基准，加工完毕应将其从工件上切除。

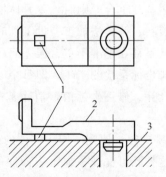

图 12-20　辅助基准典型实例
1—工艺搭子；2—工件；3—基准面

12.3 工艺路线的拟定

12.3.1 毛坯的选择

毛坯的选择是否合适，对零件的质量、材料消耗及加工工时都有很大的影响。显然，毛坯的尺寸和形状越接近成品零件，机械加工的工作量就越少，但是毛坯的制造成本就越高。所以应根据生产纲领，综合考虑毛坯制造和机械加工的费用来选择毛坯，以取得最好的经济效益。

(1) 毛坯种类的选择

机械加工常用的毛坯有铸件、锻件和型材等，选用时应考虑以下因素：

① 零件的材料及其力学性能　零件的材料大致确定了毛坯的种类。例如，铸铁和青铜零件使用铸造毛坯；当钢质零件的形状不复杂而力学性能要求不高时常用棒料，力学性能要求高时宜用锻件。

② 零件的结构、形状和外形尺寸　如阶梯轴零件，各台阶直径相差不大时可用棒料，相差较大时宜用锻件。外形尺寸大的零件一般用自由锻件或砂型铸造毛坯，中、小型零件可用模锻或特种铸造毛坯。

③ 生产类型　大批大量生产应采用精度和生产效率都比较高的毛坯制造方法，如铸件应采用金属模机械造型，锻件应采用模锻或精密锻；单件、小批量生产则应采用木模手工造型铸件或自由锻锻件。

④ 毛坯车间的生产条件　必须结合现有生产条件来确定毛坯，也应考虑毛坯车间的近期发展情况，以及是否可以由专业化企业提供毛坯。

⑤ 利用新工艺、新技术、新材料的可能性　如采用精密铸造、精密锻造、冷轧、冷挤压、粉末冶金、异型钢材及工程材料等。

(2) 毛坯的形状与尺寸

应使毛坯的形状与尺寸尽量接近零件，从而实现少屑或无屑加工。但由于现有毛坯制造技术及成本的限制，以及机电产品性能对零件加工精度和表面质量的要求越来越高，故毛坯的某些表面需留有一定的加工余量，以便通过机械加工达到零件的技术要求。毛坯制造尺寸与零件图样尺寸的差值称为毛坯加工余量，毛坯制造尺寸的公差称为毛坯公差，两者都与毛坯的制造方法有关，其值可参阅有关工艺手册。

12.3.2 加工方法的选择

机械零件的结构和形状是多种多样的，但它们都由平面、外圆柱面、内圆柱面或曲面、成形面等基本表面组成。每一种表面都有多种加工方法，具体选择时应根据零件的加工精度、表面粗糙度、材料、结构、形状、尺寸及生产类型等因素，选用相应的加工方法和加工方案。

(1) 外圆表面加工方法的选择

外圆表面的主要加工方法是车削和磨削。当表面粗糙度值要求较小时，还要经光整加工。表 12-6 所列为外圆表面的典型加工方案。

⊡ **表 12-6　外圆表面的加工方案**

加工方案	经济精度等级	表面粗糙度 $Ra/\mu m$	适用范围
粗车	IT13~IT11	50~12.5	适用于淬火钢以外的各种金属
粗车→半精车	IT10~IT8	6.3~3.2	
粗车→半精车→精车	IT8~IT6	1.6~0.8	
粗车→半精车→精车→滚压（或抛光）	IT7~IT6	0.2~0.025	
粗车→半精车→磨削	IT7~IT6	0.8~0.4	主要用于淬火钢,也可用于未淬火钢,但不宜加工有色金属
粗车→半精车→粗磨→精磨	IT6~IT5	0.4~0.1	
粗车→半精车→粗磨→精磨→超精加工（或轮式超精磨）	IT6~IT5	0.1~0.012	
粗车→半精车→粗磨→金刚石车	IT6~IT5	0.4~0.025	主要用于要求较高的有色金属的加工
粗车→半精车→粗磨→精磨→超精磨或镜面磨	IT5 以上	0.025~0.012	极高精度的外圆加工
粗车→半精车→粗磨→精磨→研磨	IT5 以上	0.1~0.012	

(2) 内孔表面的加工方法的选择

内孔表面加工方法有钻孔、扩孔、铰孔、镗孔、拉孔、磨孔和光整加工。常用的孔加工方案见表 12-7。

⊡ **表 12-7　常用的孔加工方案**

加工方案	经济精度等级	表面粗糙度 $Ra/\mu m$	适用范围
钻	IT13~IT11	50~12.5	加工未淬火钢及铸铁的实心毛坯,也可用于加工有色金属,孔径小于 20mm
钻→铰	IT9~IT8	3.2~1.6	
钻→铰→精铰	IT8~IT7	1.6~0.8	
钻→扩	IT11~IT10	12.5~6.3	
钻→扩→铰	IT9~IT8	3.2~1.6	
钻→扩→粗铰→精铰	IT8~IT7	1.6~0.8	
钻→扩→机铰→手铰	IT7~IT6	0.4~0.1	
钻→扩→拉	IT9~IT7	1.6~0.1	大批大量生产(精度由拉刀的精度而定)
粗镗（或扩孔）	IT12~IT11	12.5~6.3	除淬火钢外各种材料,毛坯有铸出孔或锻出孔
粗镗（粗扩）→半精镗（精扩）	IT9~IT8	3.2~1.6	
粗镗（扩）→半精镗（精扩）→精镗（铰）	IT8~IT7	1.6~0.8	
粗镗（扩）→半精镗（精扩）→精镗（铰）→浮动镗刀精镗	IT7~IT6	0.8~0.4	

加工方案	经济精度等级	表面粗糙度 $Ra/\mu m$	适用范围
粗镗(扩)→半精镗→磨孔	IT8～IT7	0.8～0.2	主要用于淬火钢,也可用于未淬火钢,但不宜用于有色金属
粗镗(扩)→半精镗→粗磨→精磨	IT7～IT6	0.2～0.1	
粗镗→半精镗→精镗磨→金刚镗	IT7～IT6	0.2～0.05	主要用于精度要求高的有色金属加工
钻→(扩)→粗铰→精铰→珩磨 钻→(扩)→拉→珩磨 粗镗→半精镗→精镗磨→珩磨	IT7～IT6	0.2～0.025	精度要求很高的孔
以研磨代替上述方案中的珩磨	IT6 以上	0.1～0.025	

(3) 平面加工方法的选择

平面的主要加工方法有铣削、刨削、车削、磨削和拉削等,精度要求高的平面还需要经研磨或刮削加工,常见平面加工方案见表 12-8。

▣ **表 12-8　平面加工方案**

加工方案	经济精度等级	表面粗糙度 $Ra/\mu m$	适用范围
粗车→半精车	IT11～IT8	6.3～3.2	工件的端面加工
粗车→半精车→精车	IT8～IT7	1.6～0.8	
粗车→半精车→磨削	IT7～IT6	0.8～0.4	
粗刨(或粗铣)→精刨(或精铣)	IT10～IT8	6.3～1.6	不淬硬平面(端铣的表面粗糙度可较小)
粗刨(或粗铣)→精刨(或精铣)→刮研	IT8～IT7	0.8～0.2	精度要求较高的不淬硬平面,批量较大时宜采用宽刃精刨方案
粗刨(或粗铣)→精刨(或精铣)→宽刃精刨	IT8～IT7	0.8～0.2	
粗刨(或粗铣)→精刨(或精铣)→磨削	IT8～IT7	0.8～0.2	精度要求较高的淬硬平面或不淬硬平面
粗刨(或粗铣)→精刨(或精铣)→粗磨→精磨	IT7～IT6	0.4～0.025	
粗刨→拉	IT9～IT7	0.8～0.2	大量生产中加工较小的不淬硬平面
粗铣→精铣→磨削→研磨	IT5 以上	0.1～0.006	高精度平面的加工

(4) 平面轮廓和曲面轮廓加工方法的选择

① 平面轮廓常用的加工方法有数控铣、线切割及磨削等。对如图 12-21 (a) 所示的内平面轮廓,当曲率半径较小时,可采用数控线切割方法加工。若选择铣削的方法,因铣刀直径受最小曲率半径的限制,直径太小,刚度不足,会产生较大的加工误差。对图 12-21 (b) 所示的外平面轮廓,可采用数控铣削方法加工,常用粗铣→精铣方案,也可采用数控线切割方法加工。对精度

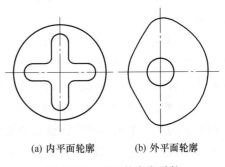

(a) 内平面轮廓　　　(b) 外平面轮廓

图 12-21　平面轮廓类零件

及表面质量要求高的轮廓表面，在数控铣削加工后，再进行数控磨削加工。数控铣削加工适用于除淬火钢以外的各种金属，数控线切割加工适用于各种金属，数控磨削加工适用于除有色金属以外的各种金属。

② 立体曲面加工方法主要是数控铣削，多用球头铣刀，以"行切法"加工，如图 12-22 所示。根据曲面形状、刀具形状以及精度要求等通常采用二轴半联动或三轴联动。对精度和表面质量要求高的曲面，用三轴联动的"行切法"加工不能满足要求时，可用模具铣刀，选择四坐标或五坐标联动加工。

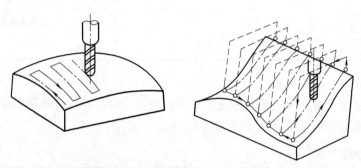

图 12-22　立体曲面的行切法加工示意

（5） 影响表面加工方法的因素

所选择表面加工方法应能满足零件的质量、良好的加工经济性和高的生产效率要求。为此还应考虑下列各因素：

① 任何一种加工方法获得的加工精度和表面粗糙度都有一个相当大的范围，但只有在某一个较窄的范围内才是经济的，这一范围内的加工精度即为该加工方法的经济加工精度。它是指在正常加工条件下（采用符合质量标准的设备、工艺装备和标准等级的工人，不延长加工时间）所能达到的加工精度，相应的表面粗糙度称为经济粗糙度。在选择加工方法时，应根据工件的精度要求选择与经济加工精度相适应的加工方法。例如，公差为 IT7 级、表面粗糙度值为 $Ra0.4\mu m$ 的外圆表面，采用精车可以达到精度要求，但不如采用磨削经济。

当精度达到一定程度后，要继续提高精度，成本会急剧上升。例如，外圆车削时，将精度从 IT7 级提高到 IT6 级，此时需要价格较高的金刚石车刀、很小的背吃刀量和进给量，增加了刀具费用，延长了加工时间，大大地增加了加工成本。对于同一表面加工，采用的加工方法不同，加工成本也不一样。常用加工方法的经济精度及表面粗糙度可查阅有关工艺手册。

② 要考虑工件的结构和尺寸大小。例如，回转工件可以采用车削或磨削等方法加工孔，而箱体上 IT7 级精度的孔一般不易采用车削或磨削，而通常采用镗削或铰削加工。孔径小的宜采用铰孔，孔径大的或长度较短的孔则宜用镗孔。

③ 要考虑生产效率和经济性要求。大批大量生产时，应采用高效率的先进工艺，如平面和孔的加工采用拉削代替普通的铣削、刨削和镗削等加工方法，甚至可以从根本上改变毛坯的制造方法，如用粉末冶金来制造油泵齿轮，用石蜡铸造柴油机上的小零件等，均可以大大减少机械加工的劳动量。

④ 要考虑企业或车间的现有设备情况和技术条件。选择加工方法时应充分利用现有设备，挖掘企业潜力，发挥工人的积极性和创造性。但也应考虑不断改进现有的加工方法和设备，采用新技术和提高工艺水平，此外还应考虑设备负荷的平衡。

12.3.3 加工阶段的划分

为保证加工质量和合理地使用设备、人力，零件的加工过程通常按工序性质不同，分为粗加工、半精加工和精加工三个阶段。有时在精加工之后还有专门的光整加工阶段。当毛坯余量特别大，表面非常粗糙时，在粗加工之前还要安排荒加工。

(1) 加工阶段的任务

① 荒加工　荒加工的任务是及时发现毛坯的缺陷，使不合格的毛坯不进入机械加工车间。为了减少运输量，荒加工阶段常在毛坯车间进行。

② 粗加工　粗加工的任务是切除毛坯上大部分多余的金属，使毛坯在形状和尺寸上接近零件成品。因此，这个阶段的主要问题是如何获得高的生产效率。

③ 半精加工　半精加工的任务是使主要表面达到一定的加工精度，保证一定的精加工余量，为主要表面的精加工（如精车、精磨等）做好准备。同时完成一些次要表面的加工，如扩孔、攻螺纹、铣键槽等。半精加工阶段一般安排在热处理之前进行。

④ 精加工　精加工的任务是保证主要加工表面达到图样规定的尺寸精度和表面质量要求。在这个阶段中，各表面的加工余量都较小，主要考虑的问题是获得较高的加工精度和表面质量。

⑤ 光整加工　当零件加工精度（尺寸精度在IT6级以上）和表面质量（$Ra \leqslant 0.2\mu m$）要求很高时，在精加工阶段之后还要进行光整加工。其主要目标是提高尺寸精度，减小表面粗糙度值，但一般不用来提高位置精度。

(2) 划分加工阶段的目的

① 有利于保证产品的质量。零件按阶段依次加工，有利于消除或减少变形对加工精度的影响。在粗加工阶段，切除的金属层较厚，产生的切削力和切削温度都较高，所需的夹紧力也较大，因而工件会产生较大的弹性变形和热变形。此外，从加工表面切除一层金属后，残余在工件中的内应力会重新分布，也会使工件产生变形。加工过程划分阶段后，粗加工工序的加工误差可以通过半精加工和精加工予以修正，使加工质量得到保证。

② 有利于合理使用设备。粗加工余量大，切削用量大，要求采用功率大、刚度高、效率高、精度要求不高的设备。精加工切削力小，对机床破坏小，采用精度高的设备。这样充分发挥了设备各自的特点，既能提高生产效率，又能延长精密设备的使用寿命。

③ 便于及时发现毛坯的缺陷。在粗加工或荒加工后即可发现毛坯的各种缺陷（如气孔、砂眼和加工余量不足等），便于及时修补或决定报废，以免继续加工造成浪费。

④ 便于热处理工序的安排。为了在机械加工工序中插入必要的热处理工序，同时使热处理发挥充分的效果，自然而然地把机械加工工艺过程划分为几个阶段，并且每个阶段各有其特点及目的。如加工精密主轴时，在粗加工后一般要安排去应力处理，半精加工后进行淬火，在精加工后进行冷处理及低温回火，最后再进行光整加工。

⑤ 精加工、光整加工安排在后，可保护精加工和光整加工过的表面少受损伤或不受损伤。

加工阶段的划分也不应绝对化，应根据零件的质量要求、结构特点和生产纲领灵活掌握。当加工质量要求不高、刚度高的零件时，可以不划分或少划分加工阶段；对于毛坯精度高、加工余量小的零件，也可以不划分加工阶段；单件生产也通常不划分加工阶段；有些刚度高的重型零件，由于搬运及装夹困难，常在一次装夹下完成全部粗、精加工。对于不划分加工阶段的工件，为了减小粗加工中产生的各种变形对加工质量的影响，在粗加工后，松开夹紧装置停留一段时间以消除夹紧变形及热变形，然后再用较小的夹紧力重新夹紧工件进行精加工。但是，对于精度要求高的重型零件，仍要划分加工阶段，并插入内应力处理工序。

应当指出，工艺过程划分加工阶段是对整个工艺过程而言的，不能以某一工序的性质和某一表面的加工来判断。例如，有些定位基准面，在半精加工甚至在粗加工阶段就需加工得很准确。有时为了避免尺寸链换算，在精加工阶段，也可安排某些次要表面（如小孔、小槽等）的半精加工。

12.3.4　工序的划分

(1) 工序划分的原则

在制订工艺路线时，当选定了各表面的加工方法及划分加工阶段后，就可将同一加工阶段中各表面的加工组合成若干个工序。组合时可采用工序集中或工序分散的原则。

① 工序集中原则　工序集中是指将工件的加工集中在少数几道工序内完成，而每一道工序的加工内容较多。采用工序集中原则的优点如下：有利于采用高效的专用设备和数控机床，提高生产效率；减少工序数目，缩短工艺路线，简化生产计划和生产组织工作；减少机床数量、操作工人数和占地面积；减少工件装夹次数，不仅保证了各加工表面间的相互位置精度，而且减少了夹具数量和装夹工件的辅助时间。缺点是专用设备和工艺装备投资大，调整及维修比较麻烦，生产准备周期较长，不利于转产。

② 工序分散原则　工序分散是指将工件的加工分散在较多的工序内完成，每道工序的加工内容很少。采用工序分散原则的优点如下：加工设备和工艺装备结构简单，调整和维修方便，操作简单，转产容易；有利于选择合理的切削用量，减少机动时间。缺点是工序数目多，工艺路线较长，所需设备及工人人数多，占地面积大，生产组织工作复杂，且工件装夹次数多，生产辅助时间长，工件的多次装夹会降低各表面的相互位置精度。

(2) 工序划分方法

工序划分主要考虑生产纲领、现场生产条件及零件本身的结构和技术要求等。大批量生产时，若使用多刀、多轴等高效机床，可按工序集中原则划分；若在组合机床组成的自动线上加工，工序可按分散原则划分。单件、小批量生产时，工序划分通常采用集中原则。成批生产时，工序可按集中原则划分，也可按分散原则划分，应根据具体情况确定。对于尺寸大的重型零件，由于装卸和搬运困难，一般采用工序集中的原则；对于结构简单、尺寸小的零件，可以采用工序分散的原则。若零件的尺寸精度和形状精度要求较高，则采用工序分散原则，可以使用高精度的机床以满足加工要求。若零件的位置精度要求较高，则采用工序集中的原则，可以在一次装夹中加工，保证较高的位置精度。随着现代数控技术的发展，特别是加工中心的应用，工艺路线的安排更多地趋向于工序集中。

12.3.5 加工顺序的安排

在选定加工方法、划分工序后，工艺路线拟定的主要内容就是合理安排这些加工方法和加工工序的顺序。零件的加工工序通常包括切削加工、热处理和辅助工序等，这些工序的顺序直接影响到零件的加工质量、生产效率和加工成本。因此，在设计工艺路线时，应合理安排切削加工工序、热处理工序和辅助工序的顺序，并解决好工序间的衔接问题。

(1) 切削加工工序的安排

一个零件往往有多个表面需要加工，这些表面不仅本身有一定的精度要求，而且各表面间还有一定的位置精度要求。为了达到这些要求，各表面的加工顺序不能随意安排，一般应遵循以下原则：

① 基面先行原则　加工一开始，总是把作为精基准的表面加工出来。因为定位基准的表面越精确，装夹误差就越小，所以任何零件的加工过程总是先对定位基准面进行粗加工和半精加工，必要时还要进行精加工。例如，轴类零件总是先加工中心孔，再以中心孔为精基准加工外圆表面和端面；箱体类零件总是先加工定位用的平面和两个定位孔，再以平面和定位孔为精基准加工孔系和其他平面。如果精基准面不止一个，则应按照基面转换的顺序和逐步提高加工精度的原则来安排基准面的加工。

② 先粗后精原则　先粗后精原则是指各表面的加工顺序按照粗加工→半精加工→精加工→光整加工的顺序依次进行，这样才能逐步提高零件加工表面的精度和减小表面粗糙度值。

③ 先主后次原则　先安排主要表面，后安排次要表面。这里的主要表面是指装配基面、工作面等，次要表面是指非工作表面（如自由表面、键槽、紧固用的光孔和螺孔及精度要求低的表面等）。由于次要表面的加工工作量比较小，而且它们与主要表面的位置关系往往有要求，因此，次要表面的加工一般放在主要表面达到一定的精度后，而在最后精加工或光整加工之前进行。

④ 先面后孔原则　对箱体、支架、机体等类零件，平面轮廓尺寸较大，用平面定位比较稳定可靠，故一般先加工平面，再加工孔和其他尺寸。这样安排加工顺序，一方面因为用加工过的平面定位，稳定可靠；另一方面在加工过的平面上加工孔，比较容易，并能提高孔的加工精度，特别是钻孔时孔的轴线不易偏斜。

⑤ 先内后外原则　对既有内表面又有外表面的零件，在制订其加工方案时，通常应安排先加工内形和内腔，后加工外形表面。即先以外表面定位加工内表面，再以精度高的内表面定位加工外表面，这样可以保证高的同轴度精度，并且使所用的夹具简单。同时，也是因为控制内表面的尺寸和形状比较困难，刀具刚度相应较低，刀尖（刃）的使用寿命易受切削热影响而缩短，以及在加工中清除切屑比较困难等。

(2) 热处理工序的安排

为提高零件材料的力学性能，改善材料的切削加工性能，消除残余内应力，在工艺过程中要适当安排一些热处理工序。热处理工序在工艺路线中的安排主要取决于零件的材料和热处理的目的。一般可分为以下三种：

① 预备热处理　预备热处理安排在机械加工之前，其目的是改善材料的切削加工性

能，消除毛坯应力，细化晶粒，均匀组织。例如，对于含碳量（质量分数）超过 0.5％ 的碳钢，一般采用退火，以降低硬度；对于含碳量低于 0.5％ 的碳钢，一般采用正火，以提高材料的硬度，使切削时切屑不粘刀，表面光滑。由于调质处理（淬火后再进行 $500 \sim 650℃$ 的高温回火）能得到组织细密、均匀的回火索氏体，因此，有时也用作预备热处理。

② 消除残余应力热处理　由于毛坯在制造和机械加工过程中产生的内应力会引起工件变形和开裂，为稳定尺寸，保证产品质量，要安排消除残余应力热处理。常用的处理方法有时效处理（分人工时效处理和自然时效处理）和深冷处理。消除残余应力热处理最好安排在粗加工之后、精加工之前。对于精度要求不太高的零件，一般把去除残余应力的人工时效和退火安排在毛坯进入机加工车间之前进行。对精度要求高的复杂零件，在机加工过程中通常安排两次时效处理：铸造→粗加工→时效处理→半精加工→时效处理→精加工。对高精度零件，如精密丝杠、精密主轴等，应安排多次消除残余应力热处理，甚至采用深冷处理以稳定尺寸。深冷处理一般安排在淬火后进行，然后回火。但是为了防止内应力过大产生裂纹，须在淬火之后先回火，然后进行深冷处理，再以稍低的温度进行第二次回火。

③ 最终热处理　最终热处理的目的是提高零件的强度、表面硬度和耐磨性等。一般安排在精加工之前进行，以便通过精加工纠正热处理引起的变形。常用的方法有淬火、表面淬火、渗碳、渗氮和碳氮共渗等。由于淬火后材料的塑性和韧性很差、有很大的内应力、易于开裂、组织不稳定、材料的性能和尺寸要发生变化等，因此淬火后必须进行回火。

(3) 辅助工序的安排

辅助工序主要包括检验、清洗、去毛刺、去磁、倒钝锐边、涂防锈油和平衡等。

其中检验工序是主要的辅助工序，除了在每道工序中需要进行检验外，为了保证产品质量，必要时还应安排专门的检验工序，即中间检验和成品检验。中间检验通常安排在粗加工全部结束后、精加工之前，或重要工序前后，或工件从一个车间转向另一个车间前后。成品检验安排在工件全部加工结束后，应按零件图的全部要求进行检验。

钳工去毛刺工序一般安排在检验工序之前，或易于产生毛刺的工序（如铣削、钻削、拉削等）之后，或下道工序作为定位基准的表面加工之后。对于形状复杂的工件，为了减少热处理变形，防止由于内应力集中而产生裂纹，应在热处理工序之前安排钳工去毛刺工序。为了保证表面处理质量，在表面处理之前也应安排钳工去毛刺工序。

特种检验的种类较多，有无损检验、气密性试验、平衡性试验等。其中常见的是无损检验，如射线探伤（安排在机械加工工序之前进行）、超声探伤（安排在粗加工阶段进行）、磁粉探伤（安排在精加工阶段进行）、渗碳探伤（安排在工艺过程的最后阶段进行）等。

为了提高零件的耐蚀性、耐磨性、疲劳强度及外观的美观性等，还常采用表面处理的方法。表面处理工序一般安排在工艺过程的最后阶段进行。表面处理后，工件的尺寸和表面粗糙度变化一般均不大。但当零件的精度要求较高时，应进行工艺尺寸链的计算。

12.3.6　选择机床和工艺装备

拟定了零件的加工工艺路线后，便明确了各工序的任务，然后就可以确定各工序所使用的机床和工艺装备。

(1) 机床的选择

选择机床其实就是选择机床的类型、规格和精度。

① 机床的类型　常用机床有车床、铣床、镗床、磨床、插床、滚齿机、磨齿机、钻床等。

② 机床的主要规格　机床的主要规格应与所加工零件的外轮廓尺寸相适应，加工小零件选小机床，加工大零件选大机床，确保设备合理使用。

③ 机床精度　机床精度应与工序要求的加工精度相适应。

(2) 工艺装备的选择

① 夹具的选择　单件、小批量生产应尽量选用通用夹具。大批量生产应采用高生产效率的气动、液压传动的专用夹具。夹具的精度应与加工精度相适应。

② 刀具的选择　一般采用标准刀具，必要时也可采用高生产效率的复合刀具及专用刀具。刀具的类型、规格及精度应符合加工要求。

③ 量具的选择　单件、小批量生产采用通用量具，如游标卡尺、千分尺等。大批量生产应采用各种量规和一些高效的专用检具。量具的精度必须与加工精度相适应。

12.3.7　时间定额的确定

时间定额是指在一定生产条件下，规定生产一件产品或完成一道工序所需消耗的时间。完成一个零件的一道工序的时间定额称为单件时间定额，包括下列几部分：

(1) 基本时间 T_j

基本时间是指直接用于改变生产对象的尺寸、形状、相互位置、表面状态或材料性质等的工艺过程所消耗的时间。对于切削加工而言，基本时间是指切除材料所消耗的机动时间，包括真正用于切削加工的时间以及切入与切出时间。

(2) 辅助时间 T_f

辅助时间是指为实现工艺过程所必须进行的各种辅助动作所消耗的时间。辅助动作包括装卸工件、开停机床、改变切削用量、测量工件、引进和退出刀具等。

基本时间和辅助时间的总和称为作业时间，它是直接用于制造产品或零部件所消耗的时间。

(3) 布置工作地时间 T_b

布置工作地时间是指为使加工正常进行，工人照管工作地（如更换刀具、润滑机床、清理切屑、收拾工具等）所消耗的时间。它不是直接消耗在每个零件上的时间，而是消耗在一个工作班内的时间，再折算到每一个零件上。一般按作业时间的 2%～7%估算。

(4) 休息和生理需要时间 T_x

休息和生理需要时间是指工人在工作班内恢复体力和满足生理上需要所消耗的时间。T_x 按一个工作班为计算单位，再折算到每个工件上。对普通机床操作工人，一般按作业时间的 2%估算。

(5) 准备和终结时间 T_e

准备和终结时间是指工人为了生产一批产品或零部件，进行准备和结束工作所消耗的时间。包括加工一批工件前熟悉工艺文件、准备毛坯和工艺装备、安装刀具和夹具、调整机床等准备工作，以及加工一批工件后拆下和归还工艺装备、发送成品等结束工作。T_e 是消耗在一批工件上的时间，分解到每一个工件的时间为 T_e/n，其中 n 为批量。

综上所述，单个工件的工时定额 T_c 计算方法：

$$T_c = T_j + T_f + T_b + T_x + T_e/n$$

12.4 加工余量的确定

12.4.1 加工总余量和工序余量

确定工序尺寸时，首先要确定加工余量。所谓加工余量，是指使加工表面达到所需的精度和表面质量而应切除的金属层厚度。加工余量有工序余量和加工总余量之分。工序余量是指相邻两工序的工序尺寸之差；加工总余量是指毛坯尺寸与零件图的设计尺寸之差，它等于各工序余量之和，即

$$Z_\Sigma = \sum_{i=1}^{n} Z_i$$

式中　Z_Σ——加工总余量，mm；

　　　Z_i——工序余量，mm；

　　　n——工序数量。

由于工序尺寸有公差，实际切除的余量是一个变量，因此，工序余量分为基本余量（又称公称余量）、最大工序余量和最小工序余量。

为了便于加工，工序尺寸的公差一般按入体原则标注，即被包容面的工序尺寸取上极限偏差为零，包容面的工序尺寸取下极限偏差为零，毛坯尺寸的公差一般采取双向对称分布。

工序余量与工序尺寸及其公差的关系如图 12-23 所示。

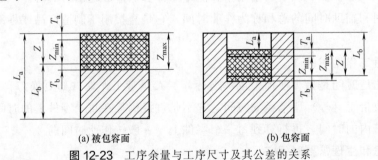

(a) 被包容面　　　　　　　　(b) 包容面

图 12-23　工序余量与工序尺寸及其公差的关系

工序的基本余量、最大工序余量和最小工序余量可按下式计算：

对于被包容面：

$$Z = L_a - L_b$$

$$Z_{max} = L_{amax} - L_{bmin} = Z + T_b$$

$$Z_{min} = L_{amin} - L_{bmax} = Z - T_a$$

对于包容面：

$$Z = L_b - L_a$$

$$Z_{max} = L_{bmax} - L_{amin} = Z + T_b$$

$$Z_{min} = L_{bmin} - L_{amax} = Z - T_a$$

式中　Z——工序余量的公称尺寸，mm；

　　　Z_{max}——最大工序余量，mm；

　　　Z_{min}——最小工序余量，mm；

　　　L_a——上工序的公称尺寸，mm；

　　　L_b——本工序的公称尺寸，mm；

　　　T_a——上工序尺寸的公差，mm；

　　　T_b——本工序尺寸的公差，mm。

加工余量有单边余量和双边余量之分。平面的加工余量指单边余量，它等于实际切削的金属层厚度。图 12-23（a）所示表面的加工余量为非对称的单边加工余量。对于内孔和外圆等回转体表面，在机床加工过程中，加工余量有时指双边余量，即以直径方向计算，实际切削的金属层厚度为加工余量的一半，如图 12-24 所示。

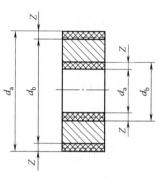

图 12-24　双边余量

对于外圆表面：

$$2Z = d_a - d_b$$

对于内圆表面：

$$2Z = d_b - d_a$$

式中　$2Z$——直径上的加工余量，mm；

　　　d_a——上工序的公称尺寸，mm；

　　　d_b——本工序的公称尺寸，mm。

12.4.2　影响加工余量的因素

加工余量的大小对零件的加工质量和制造的经济性有较大的影响。加工余量过大，会浪费原材料及机械加工的工时，增加机床、刀具及能源等的消耗；加工余量过小，则不能消除上工序留下的各种误差、表面缺陷和本工序的装夹误差，容易造成废品。因此，应根据影响加工余量大小的因素合理地确定加工余量。影响加工余量大小的因素有下列几种：

① 上工序的各种表面缺陷和误差

a. 上工序表面粗糙度 Ra。由于尺寸测量是在表面粗糙度的高度上进行的，任何后续工序都应减小表面粗糙度值，因此，在加工中首先要把上工序所形成的表面粗糙度切去。

b. 上工序的表面缺陷层 D_a。由于切削加工都会在工件表面留下一层塑性变形层，这一层金属的组织已遭破坏，必须在本工序中将缺陷层 D_a 全部切去，如图 12-25 所示。

c. 上工序的尺寸公差 T_a。从图 12-23 可知，上工序的尺寸公差 T_a 直接影响本工序的基本余量，因此，本工序的余量应包含上工序的尺寸公差 T_a。

d. 上工序的几何误差（也称空间误差）ρ_a。当几何公差与尺寸公差之间的关系是包容原则时，尺寸公差控制几何误差，可不计 ρ_a 值。但当几何公差与尺寸公差之间是独立原则或最大实体原则时，尺寸公差不控制几何误差，此时加工余量中要包括上工序的几何误差 ρ_a。如图 12-26 所示的小轴，其轴线有直线度误差 ω，须在本工序中纠正，因而直径方向的加工余量应增加 2ω。

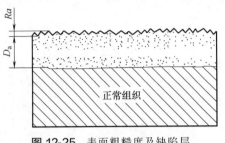

图 12-25　表面粗糙度及缺陷层

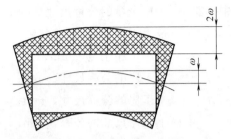

图 12-26　轴线弯曲对加工余量的影响

② 本工序的装夹误差 ε_b　装夹误差包括定位误差、装夹误差（夹紧变形）及夹具本身的误差。由于装夹误差的影响，使工件待加工表面偏离了正确位置，因此确定加工余量时还应考虑装夹误差的影响。如图 12-27 所示，用三爪自定心卡盘夹持工件外圆磨削内孔时，由于三爪自定心卡盘定心不准，使工件轴线偏离主轴回转轴线 e 值，导致内孔磨削余量不均匀，甚至造成局部表面无加工余量的情况。为保证全部待加工表面有足够的加工余量，孔的直径余量应增加 $2e$。

几何误差 ρ_a 和装夹误差 ε_b 都具有方向性，它们的合成应为向量和。综上所述，工序余量的组成可用下式来表示：

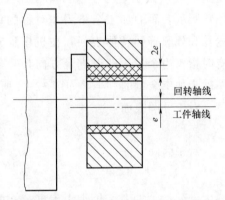

图 12-27　装夹误差对加工余量的影响

对单边余量

$$Z_b = T_a + Ra + D_a + |\rho_a + \varepsilon_b|$$

对双边余量

$$2Z_b = T_a + 2(Ra + D_a) + 2|\rho_a + \varepsilon_b|$$

应用上述公式时，可视具体情况做适当修正。例如，用拉刀、浮动铰刀、浮动镗刀加工孔时，都是自为基准，加工余量不受装夹误差 ε_b 和几何误差 ρ_a 中的位置误差的影响。此时加工余量的计算公式可修正为

$$2Z_b = T_a + 2(Ra + D_a)$$

在无心磨床上磨削外圆或用两顶尖装夹工件车削外圆时，装夹误差 ε_b 可以忽略不计，此时加工余量的计算公式可修正为

$$2Z_b = T_a + 2(Ra + D_a) + 2\rho_a$$

又如，外圆表面的光整加工若以减小表面粗糙度为主要目的，如研磨、超精加工等，则加工余量的计算公式为

$$2Z_b = 2Ra$$

若还需进一步提高尺寸精度和形状精度，则加工余量的计算公式为

$$2Z_b = T_a + 2Ra + 2\rho_a$$

12.4.3　确定加工余量的方法

(1) 经验估算法

经验估算法是凭工艺人员的实践经验估计加工余量。为避免因余量不足而产生废品，所估余量一般偏大，仅用于单件、小批量生产。

(2) 查表修正法

根据企业生产实践和试验研究积累的有关加工余量的资料制成表格，并汇编成手册。确定加工余量时，可先从手册中查得所需数据，然后再结合企业的实际情况进行适当修正。这种方法目前应用最广泛。查表时应注意表中的余量值为基本余量值，对称表面的加工余量是双边余量，非对称表面的加工余量是单边余量。

(3) 分析计算法

分析计算法是根据上述的加工余量计算公式和一定的试验资料，对影响加工余量的各项因素进行综合分析和计算来确定加工余量的一种方法。用这种方法确定的加工余量比较经济合理，但必须有比较全面和可靠的试验资料，目前只在材料十分贵重以及军工生产或少数大量生产的企业中采用。

12.4.4　确定加工余量的原则

(1) 总加工余量（毛坯余量）和工序余量要分别确定。总加工余量的大小与所选择的毛坯制造精度有关。粗加工工序的加工余量不能用查表法确定，而是由总加工余量减去其他各工序余量之和而获得。

(2) 大零件取大余量。零件越大，切削力、内应力引起的变形越大。因此，工序加工余量应取大一些，以便通过本工序消除变形量。

(3) 余量要充分，防止因余量不足而造成废品。余量中应包含热处理引起的变形。

(4) 采用最小加工余量原则。在保证加工精度和加工质量的前提下，余量越小越好，以缩短加工时间，减少材料消耗，降低加工费用。

12.5　工序尺寸及其公差的确定

零件上的设计尺寸一般要经过几道机械加工工序的加工才能得到，每道工序所应保证的尺寸称为工序尺寸，与其相应的公差即工序尺寸的公差。工序尺寸及其公差的确定不仅取决于设计尺寸、加工余量及各工序所能达到的经济精度，而且还与定位基准、工序基准、测量基准、编程坐标系原点的确定及基准的转换有关。所以，计算工序尺寸及公差时，应根据不同的情况采用不同的方法。

12.5.1　基准重合时工序尺寸及其公差的计算

当工序基准、测量基准、定位基准或编程原点与设计基准重合时，工序尺寸及其公差

直接由各工序的加工余量和所能达到的精度确定。其计算方法是由最后一道工序开始向前推算，具体步骤如下：

① 确定毛坯总余量和工序余量。

② 确定工序公差。最终工序尺寸公差等于零件图上设计尺寸公差，其余工序尺寸公差按经济精度确定。

③ 计算工序公称尺寸。从零件图上的设计尺寸开始向前推算，直至毛坯尺寸。最终工序公称尺寸等于零件图上的公称尺寸，其余工序公称尺寸等于后道工序公称尺寸加上或减去后道工序余量。

④ 标注工序尺寸公差。最后一道工序的公差按零件图上设计尺寸标注，中间工序尺寸公差按入体原则标注，毛坯尺寸公差按双向标注。

例1 图 12-28（a）所示为某法兰盘零件上的一个孔，孔径为 $\varphi 60^{+0.03}_{0}$ mm，表面粗糙度值为 $Ra0.8\mu m$，毛坯采用铸钢件，需要淬火热处理。试确定其各工序尺寸及公差。

解： $\phi 60$mm 的孔可以直接铸出，零件精度为 IT7 级，工艺路线为粗镗→半精镗→磨孔。从《机械加工工艺手册》查出各工序余量、加工经济精度和表面粗糙度，填入表 12-9 所列的第二、第四、第六列内；计算各工序公称尺寸，并填入表 12-9 的第三列内；再按入体原则和对称原则确定各工序尺寸的上、下极限偏差，填入表 12-9 的第五列内。标注如图 12-28 所示。

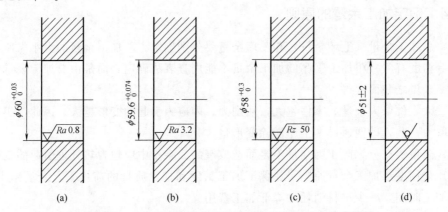

图 12-28 工艺基准与设计基准重合时工序尺寸及公差计算

☐ **表 12-9 工序尺寸及其公差的计算（一）**

工序名称	工序余量 /mm	工序基本尺寸 /mm	加工经济精度 /mm	工序尺寸标注 /mm	表面粗糙度 /μm
磨	0.4	60	IT7($^{+0.03}_{0}$)	$\phi 60^{+0.03}_{0}$	$Ra0.8$
半精镗	1.6	60−0.4=59.6	IT9($^{+0.074}_{0}$)	$\phi 59.6^{+0.074}_{0}$	$Ra3.2$
粗镗	7	59.6−1.6=58	IT12($^{+0.3}_{0}$)	$\phi 58^{+0.3}_{0}$	$Rz50$
毛坯	9	58−7=51	±2	$\phi 51\pm 2$	—

例2 某箱体上孔的设计尺寸为 $\phi(100\pm 0.011)$mm（JS6），表面粗糙度 Ra 值为 $0.8\mu m$，工艺路线为粗镗→半精镗→精镗→浮动镗。试确定其各工序尺寸及其公差。

解： 工序尺寸的计算方法同上例，结果见表 12-10。

工序名称	工序余量 /mm	工序基本尺寸 /mm	加工经济精度 /mm	工序尺寸标注 /mm	表面粗糙度 /μm
浮动镗	0.1	100	$Js6(\pm 0.011)$	$\phi 100 \pm 0.011$	$Ra0.8$
精镗	0.5	$100-0.1=99.9$	$IT7(^{+0.035}_{0})$	$\phi 99.9^{+0.035}_{0}$	$Ra1.6$
半精镗	2.4	$99.9-0.5=99.4$	$IT10(^{+0.14}_{0})$	$\phi 99.4^{+0.14}_{0}$	$Ra3.2$
粗镗	5	$99.4-2.4=97$	$IT12(^{+0.44}_{0})$	$\phi 97^{+0.44}_{0}$	$Rz50$
毛坯	8	$97-5=92$	± 1.5	$\phi 92 \pm 1.5$	—

12.5.2 基准不重合时工序尺寸及其公差的计算

当工序基准、测量基准、定位基准或编程原点与设计基准不重合时，工序尺寸及其公差的确定需要借助于工艺尺寸链的基本知识和计算方法，通过解工艺尺寸链才能获得。

(1) 工艺尺寸链

① 工艺尺寸链的概念 在机器装配或零件加工过程中，互相联系且按一定顺序排列的封闭尺寸组合称为尺寸链。其中，由单个零件在加工过程中的各有关工艺尺寸所组成的尺寸链称为工艺尺寸链。如图 12-29 (a) 所示，图中尺寸 A_1、A_Σ 为设计尺寸，先以底面定位加工上表面，得到尺寸 A_1，当用调整法加工凹槽时，为了使定位稳定可靠并简化夹具，仍然以底面定位，按尺寸 A_2 加工凹槽，于是该零件在加工时并未直接予以保证的尺寸 A_Σ 就随之确定。这样相互联系的尺寸 A_1—A_2—A_Σ，就构成一个如图 12-29 (b) 所示的封闭尺寸组合，即工艺尺寸链。又如图 12-30 (a) 所示零件，尺寸 A_1 及 A_Σ 为设计尺寸。在加工过程中，因尺寸 A_Σ 不便直接测量，若以面 1 为测量基准，按容易测量的尺寸 A_2 加工，就能间接保证尺寸 A_Σ。这样相互联系的尺寸 A_1—A_2—A_Σ 也同样构成一个工艺尺寸链，如图 12-30 (b) 所示。

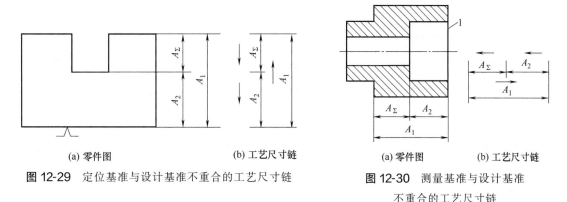

图 12-29 定位基准与设计基准不重合的工艺尺寸链

图 12-30 测量基准与设计基准不重合的工艺尺寸链

② 工艺尺寸链的特征

a. 关联性。任何一个直接保证的尺寸及其精度的变化必将影响间接保证的尺寸及其精度。如图 12-29 和图 12-30 所示尺寸链中，尺寸 A_1 和 A_2 的变化都将引起尺寸 A_Σ 的变化。

b. 封闭性。尺寸链中各个尺寸的排列呈封闭性，如图 12-29 和图 12-30 所示的 A_1—A_2—A_Σ 首尾相接组成封闭的尺寸组合。

③ 工艺尺寸链的组成　可以把组成工艺尺寸链的各个尺寸称为环。图 12-29 和图 12-30 中的尺寸 A_1、A_2、A_Σ 都是工艺尺寸链的环，它们可分为两种：

a. 封闭环。工艺尺寸链中间接得到的尺寸称为封闭环。它的尺寸随着别的环的变化而变化。图 12-29 和图 12-30 中的尺寸 A_Σ 均为封闭环。一个工艺尺寸链中只有一个封闭环。

b. 组成环。工艺尺寸链中除封闭环以外的其他环称为组成环。根据其对封闭环的影响不同，组成环又可分为增环和减环。增环是当其他组成环不变，该环增大（或减小），使封闭环随之增大（或减小）的组成环。图 12-29 和图 12-30 中的尺寸 A_1 即为增环。减环是当其他组成环不变，该环增大（或减小），使封闭环随之减小（或增大）的组成环。图 12-29 和图 12-30 中的尺寸 A_2 即为减环。为了迅速判别增环和减环，可采用下述方法：在工艺尺寸链图上，先给封闭环任意确定一方向并画出箭头，然后沿此方向环绕尺寸链回路，依次给每一组成环画出箭头，凡箭头方向与封闭环相反的则为增环，相同的则为减环。

(2) 工艺尺寸链计算的基本公式

工艺尺寸链计算的关键是正确地确定封闭环，否则计算结果是错的。封闭环的确定取决于加工方法和测量方法。

工艺尺寸链的计算方法有极大极小法和概率法两种。生产中一般多采用极大极小法，其基本计算公式如下：

① 封闭环的公称尺寸。封闭环的公称尺寸 A_Σ 等于所有增环的公称尺寸 A_i 之和减去所有减环的公称尺寸 A_j 之和，即

$$A_\Sigma = \sum_{i=1}^{m} A_i - \sum_{j=1}^{n} A_j$$

式中　m——增环的环数；

　　　n——减环的环数。

② 封闭环的极限尺寸。封闭环的上极限尺寸 $A_{\Sigma max}$ 等于所有增环的上极限尺寸 $A_{i max}$ 之和减去所有减环的下极限尺寸 $A_{j min}$ 之和，即

$$A_{\Sigma max} = \sum_{i=1}^{m} A_{i max} - \sum_{j=1}^{n} A_{j min}$$

封闭环的下极限尺寸 $A_{\Sigma min}$ 等于所有增环的下极限尺寸 $A_{i min}$ 之和减去所有减环的上极限尺寸 $A_{j max}$，之和，即

$$A_{\Sigma min} = \sum_{i=1}^{m} A_{i min} - \sum_{j=1}^{n} A_{j max}$$

③ 封闭环的上、下极限偏差。封闭环的上极限偏差 ES_{A_Σ} 等于所有增环的上极限偏差 ES_{Ai} 之和减去所有减环的下极限偏差 EI_{Aj} 之和，即

$$ES_{A_\Sigma} = \sum_{i=1}^{m} ES_{Ai} - \sum_{j=1}^{n} EI_{Aj}$$

封闭环的下极限偏差 EI_{A_Σ} 等于所有增环的下极限偏差 EI_{Ai} 之和减去所有减环的上极限偏差 ES_{Aj} 之和，即

$$ES_{A_\Sigma} = \sum_{i=1}^{m} EI_{Ai} - \sum_{j=1}^{n} ES_{Aj}$$

④ 封闭环的公差。封闭环的公差 T_{A_Σ} 等于所有组成环的公差 T_{Ai} 之和，即

$$T_{A_\Sigma} = \sum_{i=1}^{m+n} T_{Ai}$$

（3）工艺尺寸链封闭环的选择

在零件加工工艺方案确定后，就可以确定其中的一个尺寸作为封闭环。为此，将工艺尺寸链封闭环的选择原则归纳如下：

① 选择工艺尺寸链的封闭环时，尽量与零件图样上的尺寸封闭环一致，以免产生工序公差的"压缩现象"。

② 选择工艺尺寸链的封闭环时，尽可能选择公差大的尺寸作为封闭环，以便使组成环分得较大的公差。

③ 选择工艺尺寸链的封闭环时，尽可能选择不容易测量的尺寸作为封闭环。

④ 选择工艺尺寸链的封闭环时，要注意两个或多个尺寸链中的"公共环"，它在某一尺寸链中作了封闭环，则在其他尺寸链中必为组成环，这种情况就称为"封闭环的一次性"。

⑤ 选择工艺尺寸链的封闭环时，要注意所求解的尺寸链的环数最少，从而使组成环能获得较大的公差，这就称为"最短尺寸链的原则"。

⑥ 选择工艺尺寸链的封闭环时，通常选择加工余量作为封闭环。

（4）工序尺寸计算示例

① 定位基准与设计基准不重合时的工序尺寸计算　零件调整法加工时，如果加工表面的定位基准与设计基准不重合，就要进行尺寸换算，并重新标注工序尺寸。

例3　如图 12-31 所示零件，尺寸 $60_{-0.12}^{\ 0}$ mm 已经加工完成，现以 B 面定位精铣 D 面，试求工序尺寸 A_2。

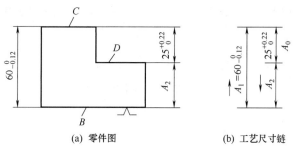

(a) 零件图　　　　　　(b) 工艺尺寸链

图 12-31　定位基准与设计基准不重合的尺寸换算

解：当以 B 面定位加工 D 面时，将按工序尺寸 A_2 进行加工，设计尺寸 $A_0 = 25_{\ 0}^{+0.22}$ mm 是本工序间接保证的尺寸，为封闭环。其尺寸链如图 12-31（b）所示，尺寸 A_2 的计算如下：

$$25 = 60 - A_2，\text{即 } A_2 = 35\text{mm}；$$

$$0 = -0.12 - ES_{A2}, \quad 即\ ES_{A2} = -0.12\text{mm};$$
$$+0.22 = 0 - EI_{A2}, \quad 即\ EI_{A2} = -0.22\text{mm};$$

所示工序尺寸 $A_2 = 35^{-0.22}_{-0.12}$mm。

② 数控编程原点与设计基准不重合的工序尺寸计算　零件在设计时,从保证使用性能的角度考虑,尺寸多采用局部分散标注,而在数控编程中,所有点、线、面的尺寸和位置都是以编程原点为基准的。当编程原点与设计基准不重合时,为方便编程,必须将分散标注的设计尺寸换算成以编程原点为基准的工序尺寸。图 12-32 所示为一台阶轴简图。图上部的轴向尺寸 Z_1、Z_2、…、Z_6 为设计尺寸。编程原点在左端面与轴线的交点上,与尺寸 Z_2、Z_3、Z_4 及 Z_5 的设计基准不重合,编程时须按工序尺寸 Z_1'、Z_2'、…、Z_6' 编程。其中工序尺寸 Z_1' 和 Z_6' 就是设计尺寸 Z_1 和 Z_6,即 $Z_1' = Z_1 = 20^{0}_{-0.028}$mm 与 $Z_6' = Z_6 = 230^{0}_{-1}$mm 为直接获得尺寸。其余工序尺寸 Z_2'、Z_3'、Z_4' 和 Z_5' 可分别利用图 12-32(b)～(e)所示的工艺尺寸链计算。尺寸链中 Z_2、Z_3、Z_4 和 Z_5 为间接获得尺寸,是封闭环,其余尺寸为组成环。尺寸链的计算过程如下:

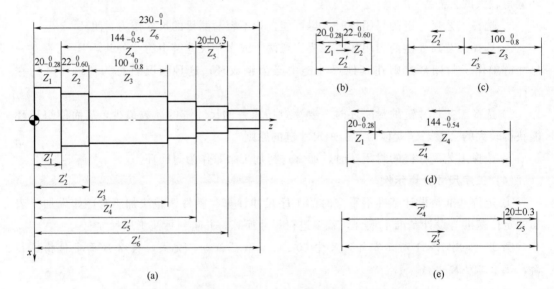

图 12-32 编程原点与设计基准不重合时的工序尺寸换算

计算 Z_2' 的工序尺寸及其公差:
$$Z_2 = Z_2' - 20, \quad 即\ Z_2' = 42\text{mm};$$
$$0 = ES_{Z'2} - (-0.28), \quad 即\ ES_{Z'2} = -0.28\text{mm};$$
$$-0.60 = EI_{Z'2} - 0, \quad 即\ EI_{Z'2} = -0.60\text{mm};$$

因此,得 Z_2' 的工序尺寸及其公差 $Z_2' = 42^{-0.28}_{-0.60}$mm。

计算 Z_3' 的工序尺寸及其公差:
$$100 = Z_3' - Z_2' = Z_3' - 42, \quad 即\ Z_3' = 142\text{mm};$$
$$0 = ES_{Z'3} - EI_{Z'2} = ES_{Z'3} - (-0.60), \quad 即\ ES_{Z'3} = -0.60\text{mm};$$
$$-0.8 = EI_{Z'3} - ES_{Z'2} = EI_{Z'3} - (-0.28), \quad 即\ EI_{Z'3} = -1.08\text{mm};$$

因此,得 Z_3' 的工序尺寸及其公差 $Z_3' = 142^{-0.60}_{-1.08}$mm。

计算 Z_4' 的工序尺寸及其公差：

$$144 = Z_4' - 20，即 Z_4' = 164\text{mm}；$$

$$0 = ES_{Z'4} - (-0.28)，即 ES_{Z'4} = -0.28\text{mm}；$$

$$-0.54 = EI_{Z'4} - 0，即 EI_{Z'4} = -0.54\text{mm}；$$

因此，得 Z_4' 的工序尺寸及其公差 $Z_4' = 164_{-0.54}^{-0.28}\text{mm}$。

计算 Z_5' 的工序尺寸及其公差：

$$20 = Z_5' - Z_4' = Z_5' - 164，即 Z_5' = 184\text{mm}；$$

$$0.3 = ES_{Z'5} - EI_{Z'4} = ES_{Z'5} - (-0.54)，即 ES_{Z'5} = -0.24\text{mm}；$$

$$-0.3 = EI_{Z'5} - ES_{Z'4} = EI_{Z'5} - (-0.28)，即 EI_{Z'5} = -0.58\text{mm}；$$

因此，得 Z_5' 的工序尺寸及其公差 $Z_5' = 184_{-0.58}^{-0.24}\text{mm}$。

✏ 课后练习

（1）对机械制造而言，生产过程一般包括哪些内容？

（2）什么是机械加工工艺过程？各部分有何作用？

（3）在机械制造中，按照企业生产专业化程度，一般可分为哪几种类型？

（4）粗基准的选择原则有哪些？

（5）精基准的选择原则有哪些？

（6）选择毛坯种类时应考虑哪些因素？

（7）影响表面加工方法的因素有哪些？

（8）按工序性质不同，零件的加工过程通常分为哪几个阶段？各阶段的任务是什么？

（9）划分加工阶段的目的是什么？

（10）工序划分的原则有哪些？各有何特点？

（11）切削加工工序的安排应遵循哪些原则？

（12）热处理工序一般包括哪几种？

（13）什么是单件时间定额？它一般包括哪几部分？

第**13**章

典型零件的加工工艺

📖 学习目标

（1）掌握轴类零件的加工工艺。

（2）了解套类零件的加工工艺。

（3）了解箱体类零件的加工工艺。

（4）了解圆柱齿轮的加工工艺。

13.1 轴类零件的加工工艺

13.1.1 轴类零件的功用、结构及技术要求

（1）功用

轴类零件是机械加工中经常遇到的典型零件之一。在机器中，它主要用于支承传动件和传递转矩，保证安装在轴上的零件的回转精度。

（2）结构

轴类零件是回转体零件，其长度大于直径，主要由内外圆柱面、内外圆锥面、螺纹、花键、键槽、横向孔、沟槽等组成。轴类零件根据其结构形式的不同，可分为光轴、空心轴、半轴、阶梯轴、花键轴、十字轴、偏心轴、曲轴、凸轮轴等，如图13-1所示。

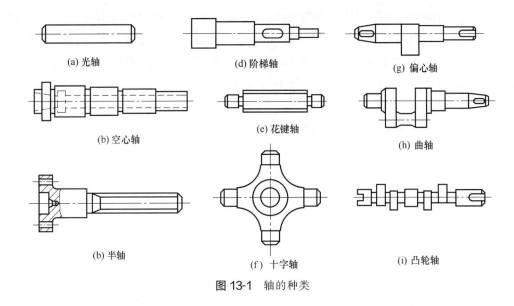

(a) 光轴　　　　　(d) 阶梯轴　　　　　(g) 偏心轴

(b) 空心轴　　　　　(e) 花键轴

(b) 半轴　　　　　(f) 十字轴　　　　　(h) 曲轴

(i) 凸轮轴

图 13-1　轴的种类

(3) **技术要求**

轴类零件的技术要求是设计者根据轴的主要功用以及使用条件确定的，通常有以下几方面。

① 加工精度　轴的加工精度主要包括结构要素的尺寸精度、形状精度和位置精度。

a. 尺寸精度。尺寸精度主要指结构要素的直径和长度的精度。直径的精度由使用要求和配合性质确定，对于主要起支承作用的轴颈，通常为 IT9～IT6 级；特别重要的轴颈，可为 IT5 级。轴的长度精度要求一般不严格，常按未注公差尺寸加工；要求较高时，其允许公差为 0.05～0.2mm。

b. 形状精度。形状精度主要指轴颈的圆度、圆柱度等，由于轴的形状误差直接影响与之相配合的零件接触质量和回转精度，因此，一般限制在直径公差范围内；要求较高时，可取直径公差的 1/4～1/2，或另外规定允许偏差。

c. 位置精度。位置精度包括装配传动件的配合轴颈对装配轴承的支承轴颈的同轴度、径向圆跳动及端面对轴线的垂直度等。普通精度的轴，其配合轴颈对支承轴颈的径向圆跳动公差一般为 0.01～0.03mm，高精度的轴为 0.005～0.010mm。

② 表面粗糙度　轴类零件主要表面粗糙度是根据其运转速度和尺寸精度等级确定的。支承轴颈的表面粗糙度 Ra 值一般为 0.8～0.2μm，配合轴颈的表面粗糙度 Ra 值一般为 3.2～0.8μm。

③ 其他要求　为改善轴类零件的切削加工性能或提高综合力学性能，延长其使用寿命，还必须根据轴的材料和使用条件规定相应的热处理要求。常用的热处理工艺有正火、调质处理和表面淬火等。

13.1.2　轴类零件的材料及毛坯

(1) **材料**

对于不重要的轴，可采用普通碳素结构钢，如 Q235A、Q255A 等，不经热处理直接加工使用。一般的轴，可采用优质碳素结构钢，如 35、45、50 钢等。对于中等精度而转速较高的轴，可选用 40Cr 等合金结构钢；精度较高的轴，可选用轴承钢 GCr15 和弹簧钢 65Mn 等，也可选用球墨铸铁；对于高转速、重载荷条件下工作的轴，选用 20CrMnTi、20Mn2B、20Cr 等低碳合金钢或 38CrMoAl 氮化钢。

(2) 毛坯

对于光轴和直径相差不大的台阶轴，一般采用圆棒型材作为毛坯。对于直径相差较大的台阶轴和比较重要的轴，应采用锻件作为毛坯，其中，大批量生产采用模锻，单件、小批量生产采用自由锻。对于结构复杂的轴，可采用球墨铸铁件或锻件作为毛坯。

13.1.3　轴类零件的加工工艺分析

(1) 划分加工阶段

按照先粗后精的原则，将粗、精加工分开进行。先完成各表面的粗加工，再完成半精加工和精加工，而主要表面的精加工则放在最后进行。轴是回转体，各外圆表面的粗加工、半精加工一般采用车削，精加工采用磨削，有些精密轴类零件的轴颈表面还需要进行光整加工。

粗加工外圆表面时，应先加工大直径外圆，再加工小直径外圆，以免因直径差增大而使小直径处的刚度下降，并成为极易引起弯曲变形和振动的薄弱环节。

轴上的花键、键槽、螺纹等表面的加工一般都安排在外圆半精加工之后、精加工之前进行。

通过划分加工阶段，有利于保证轴类零件的加工质量。

(2) 选择定位基准

在轴类零件的加工过程中，常用两中心孔作为定位基准。因为轴类零件各外圆表面的同轴度及端面对轴线的垂直度是保证轴类零件相互位置精度的主要依据，而这些表面的设计基准一般都是轴线，因此，采用两中心孔定位符合基准重合原则。由于轴的加工工序较多，每道工序都采用两中心孔为基准，也符合基准统一原则。但在选择时要考虑工件加工的实际情况，粗加工、精加工采用的基准应有所不同。

(3) 热处理工序的安排

热处理工序一般可分为预备热处理和最终热处理两大类。

① 预备热处理　为改善金属组织和切削性能而进行的热处理称为预备热处理，包括正火、退火、调质处理和时效处理。通常，正火、退火安排在毛坯制造之后、粗加工之前，时效处理安排在粗加工、半精加工之间，调质处理可安排在粗加工、精加工之间。

② 最终热处理　为了提高零件的硬度、强度等力学性能而进行的热处理称为最终热处理，包括淬火、表面淬火、渗碳和渗氮。通常，最终热处理工序安排在工艺路线后段，在表面最终加工之前进行。氮化前应进行调质处理。

13.1.4　轴类零件的加工工艺过程

轴类零件除了应遵循加工顺序的一般原则外，还要考虑以下几个方面的因素：

① 在加工顺序上，先加工大直径外圆，然后再加工小直径外圆，以免一开始就降低工件的刚度。

② 轴上的键槽等表面的加工应在外圆精车之后、磨削之前进行。

③ 轴上的螺纹一般有较高的精度要求，通常应安排在半精加工之后、淬火之前进行加工。如安排在淬火之后，则无法进行车削加工。

13.1.5 生产实例分析

传动轴是轴类零件中使用最多、结构最为典型的一种台阶轴，如图 13-2 所示。该轴为小批量生产，材料选择 45 钢，淬火后硬度为 40～45HRC。试分析其加工工艺过程。

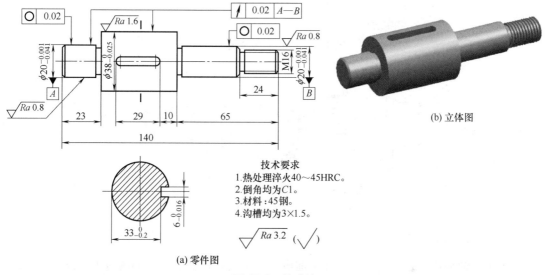

(a) 零件图

技术要求
1. 热处理淬火40～45HRC。
2. 倒角均为C1。
3. 材料：45 钢。
4. 沟槽均为为3×1.5。

$\sqrt{Ra\,3.2}$ $(\sqrt{\ })$

(b) 立体图

图 13-2 传动轴

(1) 结构分析

传动轴的主要结构要素有圆柱面、螺纹、键槽等，该轴为典型的台阶轴结构，有两个支承轴颈。

(2) 技术要求

传动轴的支承轴颈是轴的装配基准，其加工精度和表面质量一般要求较高。两端轴颈的尺寸精度为 IT7 级，表面粗糙度值为 $Ra0.8\mu m$；用于安装齿轮的轴颈的尺寸精度为 IT7 级，表面粗糙度值为 $Ra1.6\mu m$；右端轴颈外圆的圆度公差为 0.02mm；左端轴圆的圆度公差为 0.02mm；轴上各配合面对两端轴颈公共轴线的径向圆跳动公差为 0.02mm，可保证齿轮平稳传动。

(3) 材料选取

由于该传动轴为小批量生产，材料为 45 钢，形状简单，精度要求中等，各段轴颈直径尺寸相差较大，故选用锻件毛坯。

(4) 划分加工阶段

此传动轴在加工时划分为以下三个加工阶段：

① 粗加工阶段　车端面，钻中心孔，粗车各处外圆。

② 半精加工阶段　半精车各处外圆，车螺纹，铣键槽等。

③ 精加工阶段　修研中心孔，粗、精磨各处外圆。

(5) 定位基准选择

如图 13-2 所示的传动轴粗加工时以外圆表面为定位基准。半精车加工时，采用外圆表面和中心孔作为定位基准（即一夹一顶），如图 13-3 所示。精加工时，采用两中心孔作为定位基准（即两顶尖），如图 13-4 所示。

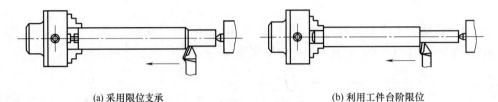

(a) 采用限位支承　　　　　　　　　　　　　　(b) 利用工件台阶限位

图 13-3　一夹一顶装夹工件

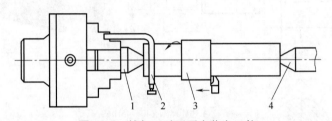

图 13-4　精加工时两顶尖装夹工件

1—前顶尖；2—鸡心夹头；3—工件；4—后顶尖

(6) 热处理工序

由于该轴采用的是锻件毛坯，加工前应安排退火，以消除毛坯的内应力和改善材料的切削性能。传动轴最终热处理是淬火，该工序应放在半精加工之后、粗磨和精磨之前进行，即在车削螺纹和铣键槽之后进行。为了保证磨削精度，在淬火之后，应安排修研中心孔工序。

(7) 传动轴加工工艺

综合上述分析，传动轴的加工工艺为：锻造毛坯→热处理（退火）→粗车→半精车→车螺纹→铣键槽→热处理（淬火）→粗磨→精磨。

(8) 传动轴的加工工艺过程

传动轴的加工工艺过程见表 13-1。

⊡ **表 13-1　传动轴的加工工艺过程**

工序号	工序名称	工序内容	装夹基准	加工设备
1	锻	锻造毛坯	—	
2	热处理	退火	—	
3	粗车	车一端面,钻中心孔;车另一端面并控制总长 140mm,钻中心孔	外圆	卧式车床
4	粗车	(1)粗车左端外圆至 ϕ40mm×77mm、ϕ22mm×22mm (2)粗车右端外圆至 ϕ22mm×64mm、ϕ18mm×23mm	外圆	卧式车床

工序号	工序名称	工序内容	装夹基准	加工设备
5	半精车	(1) 半精车左端倒角 $C1$mm (2) 半精车左端 $\phi2^{-0.001}_{-0.041}$mm 和 $\phi38^{0}_{-0.025}$mm 外圆，直径留 0.5mm 余量，长度至尺寸 (3) 切左端 3mm×1.5mm 槽至尺寸	中心孔	数控车床
6	半精车	(1) 半精车右端倒角 $C1$mm (2) 半精车 M16 螺纹大径至 $\phi15.8$mm (3) 半精车 $\phi20^{-0.001}_{-0.041}$mm 外圆，直径留 0.5mm 余量，长度至尺寸 (4) 切右端两处 3mm×1.5mm 槽至尺寸 (5) 车 M16 螺纹	中心孔	数控车床
7	铣	粗、精铣键槽至尺寸	中心孔	立式铣床
8	热处理	淬火 40~45HRC		
9	钳	修研中心孔		钻床
10	粗磨	粗磨左端 $\phi20^{-0.001}_{-0.041}$mm 外圆至 $\phi20.06^{0}_{-0.04}$mm	中心孔	外圆磨床
11	粗磨	粗磨左端 $\phi38^{0}_{-0.025}$mm 外圆至 $\phi38.06^{0}_{-0.04}$mm	中心孔	外圆磨床
12	粗磨	粗磨右端 $\phi20^{-0.001}_{-0.041}$mm 外圆至 $\phi20.06^{0}_{-0.04}$mm	中心孔	外圆磨床
13	精磨	精磨左端 $\phi20^{-0.001}_{-0.041}$mm 外圆至尺寸	中心孔	外圆磨床
14	精磨	精磨左端 $\phi38^{0}_{-0.025}$mm 外圆至尺寸	中心孔	外圆磨床
15	精磨	精磨右端 $\phi20^{-0.001}_{-0.041}$mmmm 外圆至尺寸	中心孔	外圆磨床
16	检验	检验		

13.2 套类零件的加工工艺

13.2.1 套类零件的功用、结构及技术要求

(1) 功用

套类零件是机械设备中常见的一种零件，它的应用范围很广泛，如支承旋转轴的轴承、各种形式的轴承套、夹具中引导孔加工刀具的导向套、内燃机上的气缸套、液压系统中的液压缸等，如图 13-5 所示。

(2) 结构

由于功用不同，套类零件的结构和尺寸有着很大的差别，但它们的共同特点是主要工作表面为内、外圆表面，形状精度和位置精度要求较高，表面粗糙度值较小，孔壁较薄且易变形，零件的长度一般大于孔的直径。

(3) 技术要求

套类零件的技术要求主要是根据其基本功用以及使用条件确定的，通常有以下几个方面：

① 加工精度　加工精度主要包括结构要素的尺寸精度、形状精度和位置精度。

a. 尺寸精度。滑动轴承孔和需要与其他零件精确配合的孔精度要求较高，一般为 IT8~

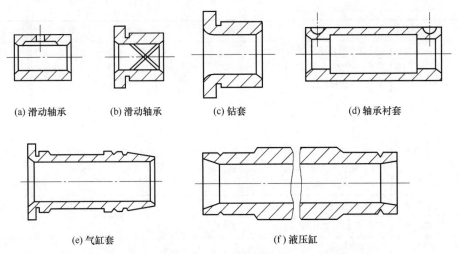

| (a) 滑动轴承 | (b) 滑动轴承 | (c) 钻套 | (d) 轴承衬套 |

(e) 气缸套　　　　　　　(f) 液压缸

图 13-5　套筒零件示例

IT7 级，精密轴承甚至为 IT6 级。液压系统中的滑阀孔精度要求为 IT6 级，甚至更高；由于配合的活塞上有密封圈过渡，液压缸孔尺寸精度要求较低，一般为 IT9 级。套类零件的外圆大都是支承表面，常与箱体或机架上的孔采取过盈配合或过渡配合，其尺寸精度通常为 IT7～IT6 级。

　　b. 形状精度。一般套类零件内孔的形状误差要求控制在孔的形状公差以内，精密轴套则要求控制在孔径公差的 1/3～1/2；对于长套筒的内孔，除有圆度要求外，还有圆柱度要求。套类零件外圆的形状误差控制在外径公差以内，其端面大都有一定的平面度要求。

　　c. 位置精度。套类零件内、外圆的同轴度要求较高，通常取 0.01～0.05mm；对于装配到箱体或机架上再加工内孔的套筒零件，内、外圆的同轴度要求可大幅降低。工作时承受轴向载荷的套类零件端面大都是加工和装配时的定位基面，故与孔的轴线有较高的垂直度要求，一般为 0.02～0.05mm。

　　② 表面粗糙度　一般套类零件内孔的表面粗糙度值为 $Ra1.6～0.1\mu m$。液压缸内孔的表面粗糙度值一般为 $Ra0.4～0.2\mu m$，外圆的表面粗糙度值通常取 $Ra6.3～0.8\mu m$。

　　③ 其他要求　由于工作条件的需要和使用材料的影响，不少套类零件有不同的热处理要求。常用的热处理工艺有退火、表面淬火和渗碳等。

13.2.2　套类零件的材料及毛坯

　　套类零件一般用钢、铸铁、青铜、黄铜等材料制成，材料的选择主要取决于工作条件。套类零件的毛坯类型与所用材料、结构、形状和尺寸大小有关，常采用型材、锻件或铸件制成。毛坯内孔直径小于 20mm 时大多选用棒料制成；孔径较大、长度较长的零件常用无缝钢管或带孔的铸件、锻件制成。

13.2.3　套类零件的加工工艺分析

　　套类零件的结构特点是壁厚较薄，刚度低，内孔与外圆有较高的相互位置精度要求，所以，加工工艺上要解决如何保证位置精度和防止加工变形的问题。

（1）保证相互位置精度的工艺措施

为保证位置精度要求，加工套类零件时应遵循基准统一原则和互为基准原则，即在一次安装中完成内孔、外圆及端面的全部加工。由于这种方法工序比较集中，当工件结构尺寸较大时不易实现，故多用于尺寸较小的套类零件加工。

当一次安装不能同时完成内孔、外圆表面加工时，内孔、外圆的加工采用互为基准、反复加工的原则。

（2）防止套类零件变形的工艺措施

套类零件一般都存在壁较薄、径向刚度较低、容易变形等缺点。套类零件在加工过程中往往由于受夹紧力、切削力和切削热等诸多因素的影响而变形，致使加工精度降低。因此，在分析套类零件的变形时，可以从导致变形的因素开始分析，针对产生变形的原因采取有效措施。套类零件变形的原因及防止变形的工艺措施见表 13-2。

▫ **表 13-2 套类零件变形的原因及防止变形的工艺措施**

引起变形的因素			防止变形的工艺措施
外力	夹紧力		（1）使夹紧力均匀分布，如图 13-6 所示 （2）变径向夹紧为轴向夹紧，如图 13-7 所示 （3）增加套筒毛坯的刚度，如图 13-8 所示
	切削力		（1）增大刀具的主偏角 （2）内、外表面同时加工，如图 13-8 所示 （3）粗、精加工分开进行
	重力		增加辅助支承
	离心力		配重
内力	内应力重新分布		（1）退火、时效 （2）划分加工阶段
	热效应	切削热	（1）选择合理的刀具角度和切削用量 （2）浇注充分的切削液 （3）留有充分的冷却时间
		热处理	（1）改变热处理方法 （2）将热处理工序安排在精加工之前

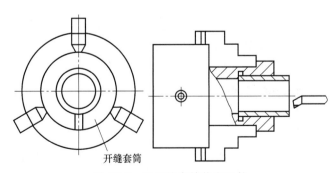

图 13-6 用开缝套筒装夹工件

（3）套类零件在加工时应注意的问题

套类零件的主要加工方法是车削和磨削，加工的表面大多是具有同一回转轴线的内孔、外圆和端面，可在一次装夹中完成加工，较容易保证内、外表面的同轴度、端面对轴

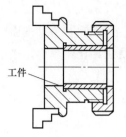

图 13-7 轴向夹紧工件图

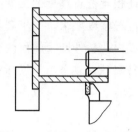

图 13-8 辅助凸边的作用

线的垂直度以及外圆、端面对轴线的跳动要求。对于精度要求较高的套类零件，可在粗车或半精车后以外圆和内孔互为基准反复磨削，满足其同轴度、垂直度和跳动的要求。

由于套类零件大多为薄壁件，在加工过程中受夹紧力、切削力、切削热等作用后极易变形。因此，保证主要表面的相互位置精度和防止变形是加工套类零件的关键。

13.2.4 生产实例分析

图 13-9 所示的轴承套是结构较为典型的一种套类零件，该轴承套材料为 HT200，批量生产。现分析其零件的加工工艺过程。

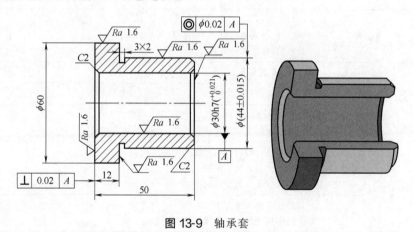

图 13-9 轴承套

(1) 功用

图 13-9 所示的轴承套主要起支承或导向作用。

(2) 结构

如图 13-9 所示的轴承套的主要结构要素有内外圆柱面、端面、外沟槽等，该轴承套属短套筒类零件。

(3) 技术要求

如图 13-9 所示的轴承套中，外圆 $\phi(44\pm0.015)$mm 主要与轴承座内孔相配合，其尺寸精度为 IT7 级，表面粗糙度为 $Ra1.6\mu m$；内孔 $\phi30h7$ 主要与传动轴相配合，其尺寸精度为 IT7 级，表面粗糙度为 $Ra1.6\mu m$；两端面的表面粗糙度为 $Ra1.6\mu m$；$\phi(44\pm0.015)$mm 外圆轴线对 $\phi30h7$ 内孔轴线的同轴度公差为 $\phi0.02$mm，可保证轴承在传动中的平稳性；轴承套的左端面对 $\phi30h7$ 内孔轴线的垂直度公差为 0.02mm。

（4）材料及毛坯

此轴承套的材料为铸铁。该套的形状简单，精度要求中等，但内孔尺寸较大，故毛坯选用直径为 65mm 的铸铁棒料，四件合一。

（5）保证相互位置精度的工艺措施

如何保证位置精度是该零件加工的主要工艺问题之一，可以从定位基准和装夹方法选择等方面采取措施，尽可能在一次安装中完成内孔、外圆及端面的全部加工。当一次安装不能同时完成内孔、外圆表面加工时，内孔、外圆采用互为基准、反复加工的方法进行加工。

（6）加工工艺过程分析

如图 13-9 所示，轴承套外圆的精度为 IT7 级，采用精车可以满足要求。内孔精度为 IT7 级，采用车孔可以满足要求。内孔加工方案为钻孔—粗车—精车。车孔时应与左端面一同加工，保证端面与孔轴线的垂直度，然后以内孔为基准，利用小锥度心轴装夹加工外圆和另一端面。

（7）轴承套的加工工艺过程

表 13-3 为轴承套的加工工艺过程。粗车外圆时，可采用四件合一的方法来提高生产率。

表 13-3　轴承套加工工艺过程

工序号	工序名称	工序内容	装夹基准	加工设备
1	下料	ϕ65mm×240mm,按四件合一加工下料	外圆	锯床
2	车	(1)车一端面,钻中心孔 (2)掉头,车另一端面,钻中心孔	毛坯外圆	卧式车床
3	车	(1)车 ϕ60mm 外圆达图纸要求,长度至 55mm;车 ϕ44mm 外圆至 ϕ44.5mm,长度至 37.5mm (2)钻 ϕ28mm 孔,长度至 55mm (3)切断控制长度尺寸 51mm	毛坯外圆	卧式车床
4	车	(1)三爪自动定心卡盘装夹 ϕ44.6mm 外圆,车左端面,控制工件总长 50.5mm (2)粗精车内孔 ϕ30h7 至尺寸要求 (3)两端倒角 C2mm	ϕ44.5mm 外圆	数控车床
5	车	(1)以 ϕ30h7 孔配合心轴装夹,车 ϕ(44±0.015)mm 外圆至尺寸要求,倒角 C2mm (2)车退刀槽 3mm×2mm,并控制长度尺寸 12mm 至图样要求 (3)车长度尺寸 50mm 至要求	ϕ30h7 内孔	数控车床
6	检验	按图纸要求检测尺寸精度、几何精度、表面质量		

13.3　箱体类零件的加工工艺

13.3.1　箱体类零件的功用、结构及技术要求

（1）功用、结构

箱体是减速器的重要基础件，其功用是把有关零件连接成一个整体，使这些零件保持正确的相对位置，并按一定的传动关系协调地工作。

机器的种类很多，组成部件差别很大，各种机器所用箱体的功用和结构各不相同，如图 13-10 所示为常见的几种典型箱体结构。箱体类零件的结构形式虽然多种多样，但主要特点仍有共同之处：形状复杂，壁薄且不均匀，内部呈腔形，既有精度要求较高的孔系和平面，也有许多精度要求较低的紧固孔。因此，箱体类零件加工部位较多，加工难度也较大。箱体类零件的加工质量将直接影响其他各组成零件的精度和机器的性能。

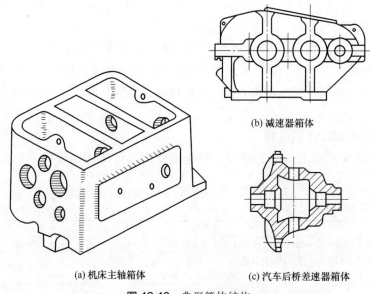

(b) 减速器箱体

(a) 机床主轴箱体

(c) 汽车后桥差速器箱体

图 13-10　典型箱体结构

（2）技术要求

① 轴承支承孔的尺寸精度、形状精度和表面粗糙度要求。

② 位置精度包括孔系轴线之间的距离精度和平行度，同一轴线上各孔的同轴度，以及孔端面对孔轴线的垂直度等。

③ 为满足箱体加工中的定位需要及箱体与机器的总装要求，箱体的装配基准面与加工中的定位基准面应有一定的平面度和表面粗糙度要求；各支承孔与装配基准面之间应有一定距离精度的要求。

13.3.2　箱体零件的材料和毛坯

（1）材料

箱体类零件常用材料大多为普通灰铸铁 HT150～350，可根据实际需要选用，常用的是 HT200。灰铸铁的铸造性和可加工性好，价格低廉，具有较好的吸振性和耐磨性。此外，精度要求较高的坐标镗床主轴箱选用耐磨铸铁，轿车发动机箱体常用铝合金等有色轻金属制造，一些负荷较大的减速器箱体也可采用铸钢材料制造。

（2）毛坯

常用的箱体毛坯有铸件和焊接件两种，大多数情况都采用铸件毛坯，只有在单件小批量生产时才考虑采用焊接毛坯。

毛坯的加工余量与生产批量、毛坯尺寸、结构、精度和铸造方法等因素有关。单件小批量生产的铸铁箱体，常用木模手工砂型铸造，毛坯精度低，加工余量大；大批量生产中大多用金属模机器造型铸造，毛坯精度高，加工余量小。铸铁箱体毛坯上直径大于 30mm 的孔大都预先铸出，以减小孔的加工余量。毛坯铸造时，应防止砂眼和气孔的产生。为了减少毛坯制造时产生的残余应力，应尽量使箱体壁厚均匀，并在浇注后安排时效或退火工序。

13.3.3　箱体零件的加工工艺分析

(1) 选择定位基准

箱体类零件定位基准的选择一般分为粗基准的选择和精基准的选择。粗基准是为了保证各加工面和孔的加工余量均匀，而精基准则是为了保证相互位置精度和尺寸精度。因此，应根据箱体类零件的加工工艺特点选择不同的定位基准。

① 粗基准的选择　大多数箱体上都有一个或一组主要孔，为保证主要孔的加工余量均匀，应该以主要孔作为粗基准。箱体内壁一般都不加工，它和安装在箱体中的齿轮等传动件之间只有不大的间隙。如果加工出的轴承孔与内壁之间的距离误差太大，有可能导致装配齿轮时与箱体内壁相撞。为防止出现这种情况，加工箱体时又应以内壁为粗基准。为此，实际生产中常以箱体上的主要孔为粗基准，限制四个自由度，辅以内壁或其他毛坯孔为辅助基准，以达到完全定位的目的。根据生产类型不同，箱体零件的粗基准选择与安装方式也不一样。大批量生产时，由于毛坯精度较高，可以直接用箱体上的重要孔在专用夹具上定位，工件安装迅速，生产效率高。在单件、小批量及中批量生产时，一般毛坯精度较低，按上述办法选择粗基准往往会造成箱体外形偏斜，甚至局部加工余量不够，因此，通常采用划线找正的方法进行第一道工序的加工。如加工机床主轴箱时，以主轴孔为粗基准对毛坯进行划线和检查，对偏斜予以纠正，纠正后可保证孔的余量足够，但不一定均匀。

② 精基准的选择　为了保证箱体类零件的孔与孔、孔与平面、平面与平面之间距离的尺寸精度和相互位置精度，选择箱体类零件精基准时应遵循基准统一原则和基准重合原则。

a. 基准统一原则（一面两孔）。在大多数工序中，箱体利用底面（或顶面）及两孔作为定位基准加工其他平面和孔系，以避免由于基准转换而带来的累积误差。

b. 基准重合原则（三面定位）。箱体上的装配基准一般为平面，而它们又往往是箱体上其他要素的设计基准，因此，以这些装配基准平面作为定位基准，避免了基准不重合误差，有利于提高箱体各主要表面的相互位置精度。例如，机床主轴箱小批量生产过程中即采用基准重合原则。

以上两种定位方式各有优缺点，应根据实际生产条件合理确定。在中、小批量生产时，尽可能使定位基准与设计基准重合，以设计基准作为统一的定位基准。而在大批量生产时，优先考虑的是如何稳定加工质量和提高生产效率，由此产生的基准不重合误差则通过工艺措施解决，如提高工件定位精度和夹具精度等。

（2）加工顺序的安排

箱体类零件主要由平面和孔系组成，它的加工要求比较高，需要多次装夹，所以，必须有统一的基准和加工顺序来保证它的精度要求。

① 先面后孔的原则　由于箱体的加工和装配大多以平面为基准，先加工平面不仅为加工精度较高的支承孔提供了稳定、可靠的精基准，而且还符合基准重合原则，有利于提高加工精度。另外，先以孔为粗基准加工平面，再以平面为精基准加工孔，这样可为孔的加工提供稳定、可靠的定位基准，而且加工平面时切去了铸件的硬皮和凹凸不平的粗糙面，有利于后续加工，可减少钻孔时将钻头引偏和刀具崩刃等现象，对刀和调整也比较方便。

② 先主后次的原则　加工平面或孔系时，应贯彻先主后次原则，即先加工主要平面或主要孔。这是因为加工其他平面或孔时，以先加工好的主要平面或主要孔作为精基准，装夹可靠，调整各表面的加工余量较方便，有利于提高各表面的加工精度。同时，由于主要平面或主要孔精度要求高，加工难度大，先加工时如果出现废品，不至于浪费其他表面的加工工时。例如，在加工主轴箱时，与轴承孔相交的油孔应在轴承孔精加工之后钻出，否则，精加工轴承孔时，会因先钻油孔造成断续切削而引起振动，影响轴承孔的加工精度。

③ 粗、精加工分开的原则　对于刚度差、批量较大、要求精度较高的箱体，一般要粗、精加工分开进行，即在主要平面和各支承孔的粗加工之后再进行主要平面和各支承孔的精加工。这样，可以消除由粗加工所造成的内应力、切削力、切削热、夹紧力等对加工精度的影响，并且有利于合理地选用设备。

粗、精加工分开进行会使机床、夹具的数量及工件安装次数增加，而使成本提高，所以对单件、小批量生产、精度要求不高的箱体，常常将粗、精加工合并在一道工序进行，但必须采取相应措施，以减小加工过程中的变形。例如，粗加工后松开工件，让工件充分冷却，然后用较小的夹紧力和较小的切削用量，多次走刀进行精加工。

（3）箱体的加工工艺

① 箱体的平面加工　箱体平面的粗加工和半精加工常选择刨削或铣削加工方式。刨削箱体平面的主要特点是刀具结构简单，机床调整方便。由于箱体平面铣削加工的生产效率比刨削高，因此在成批生产中常采用铣削加工。当批量较大时，常在多轴龙门铣床上用几把铣刀同时加工几个平面，既保证了平面间的位置精度，又提高了生产效率。

② 主轴孔的加工　由于主轴孔的精度比其他轴孔精度高，表面粗糙度比其他轴孔小，故应在其他轴孔加工后再单独进行主轴孔的精加工（或光整加工）。孔的精加工方法有精镗、浮动镗、金刚镗、珩磨和滚压等。

③ 孔系加工　平行孔系的主要技术要求是各平行孔中心线之间以及孔中心线与基准面之间的尺寸精度和平行度。根据生产类型的不同，可以在普通镗床上或专用镗床上加工箱体的孔系。单件小批量生产箱体时，主要采用划线法来保证孔距精度；成批或大量生产箱体时，大都采用镗模加工孔系，孔距精度主要取决于镗模的精度和安装质量。

(4) 热处理工序的安排

箱体结构一般较复杂，壁厚不均匀，铸造残留内应力大。为消除内应力，减少箱体在使用过程中的变形，保持精度稳定，铸造后一般需进行时效处理。自然时效的效果较好，但生产周期长，目前仅用于制造精密机床的箱体铸件。对于普通机床和设备的箱体，一般都采用人工时效。箱体经粗加工后，应存放一段时间再精加工，以消除粗加工积聚的内应力。精密机床的箱体或形状特别复杂的箱体，应在粗加工后再安排一次人工时效，促进铸造和粗加工造成的内应力释放，进一步提高加工精度的稳定性。

13.3.4 生产实例分析

图 13-11 所示为减速器箱体，材料为 HT200，铸件，试分析单件、小批量生产和大批量生产两种加工工艺过程。

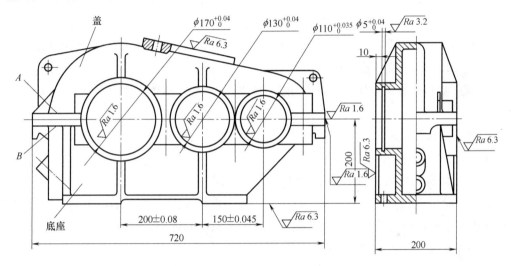

技术要求

1. 材料为HT200。
2. 对合面对底座的平行度误差不超过0.5mm/1000mm。
3. 两对合面的接合间隙不超过0.03mm。
4. 轴承孔轴线必须在对合面上，误差不超过±0.2mm。
5. 轴承孔圆柱度误差不超过孔径公差的一半。
6. 轴承孔轴线之间的平行度误差不超过0.1mm/1000mm。
7. 同轴度误差不超过0.008 mm。

图 13-11　减速器箱体

(1) 减速器箱体的加工工艺分析

① 减速器箱体技术要求　图 13-11 所示的减速器箱体的主要技术要求有以下几方面。

a. 对合面对底座的平行度误差不超过 0.5mm/1000mm。

b. 对合面的表面粗糙度 Ra 小于 1.6μm，两对合面的接合间隙不超过 0.03mm。

c. 轴承孔轴线必须在对合面上，误差不超过±0.2mm。

d. 轴承孔的尺寸精度为 IT7 级，表面粗糙度 Ra 小于 1.6μm，圆柱度误差不超过孔径公差的一半，孔距精度误差为±(0.045～0.08)mm。

e. 轴承孔轴线之间的平行度误差不超过 0.1mm/1000mm；同轴度误差不超过 0.008mm。

② 减速器箱体的毛坯选择　图 13-11 所示的减速器箱体材料为灰铸铁（HT200），由于其外形与内部形状相对比较复杂，因此应选择铸造毛坯。

③ 选择减速器箱体的定位基准

a. 粗基准的选择。图 13-11 所示的减速器箱体是分离式箱体。首先加工箱盖和箱座的对合面。分离式箱体一般不能以轴承孔的毛坯面作为粗基准，而是以凸缘不加工面为粗基准，即箱盖以凸缘 A 面为粗基准，底座以凸缘 B 面为粗基准。这样可以保证对合面凸缘厚薄均匀，减少箱体合装时对合面的变形。

b. 精基准的选择。分离式箱体的对合面与底面（装配基面）有一定的尺寸精度和相互位置精度要求；轴承孔轴线应在对合面上，与底面也有一定的尺寸精度和相互位置精度要求。为了保证以上几项要求，加工底座的对合面时，应以底面为精基准，使对合面加工时的定位基准与设计基准重合；箱体合装后加工轴承孔时，仍以底面为主要定位基准，并与底面上的两定位孔组成典型的"一面两孔"定位方式。这样，轴承孔加工的定位基准既符合"基准统一"原则，又符合"基准重合"原则，有利于保证轴承孔轴线与对合面的重合度及与装配基面的尺寸精度和平行度。

④ 减速器箱体加工顺序的安排　图 13-11 所示分离式箱体的整个加工过程分为两个阶段。

a. 第一阶段先对箱盖和底座分别进行加工，主要完成对合面及其他平面、紧固孔和定位孔的加工，为箱体的合装做准备。

b. 第二阶段为在合装后的箱体上加工孔及其端面。

在两个阶段之间安排钳工工序，将箱盖和底座合装成箱体，并用定位销定位，使箱盖和底座保持一定的位置关系，以保证轴承孔的加工精度和拆装后的重复精度。

⑤ 减速器箱体热处理工序的安排

图 13-11 所示的减速器箱体，在毛坯铸造后安排一次人工时效处理，在半精加工之后安排一次时效处理，以便消除残留的铸造内应力和切削加工时产生的内应力。

(2) 减速器箱体的加工工艺过程

减速器箱体的生产工艺过程一般分单件、小批量和大批量生产两种。

① 单件、小批量生产时，箱体类零件的基本工艺过程为铸造毛坯→时效→划线→粗加工主要平面及其他平面→划线→粗加工支承孔→二次时效→精加工主要平面和其他平面→精加工支承孔→划线→钻各小孔→攻螺纹、去毛刺。

② 大批量生产时，箱体类零件的加工基本工艺过程为铸造毛坯→时效→加工主要平面和工艺定位孔→二次时效→粗加工各平面上的孔→攻螺纹、去毛刺→精加工各平面上的孔。

图 13-11 所示减速器箱体的加工工艺过程可分为两大部分，第一部分是上下箱体的分别加工，第二部分是合箱后的加工，中间应安排钳工工序，钻铰两定位孔，并打入定位销。

减速器箱体箱盖的加工工艺过程见表 13-4，减速器箱体底座的加工工艺过程见表 13-5，减速器箱体合箱后的加工工艺过程见表 13-6。

⊡ 表 13-4　减速器箱盖的加工工艺过程

工序号	工序名称	工序内容	装夹基准	加工设备
1	铸	铸造毛坯		
2	热处理	时效		
3	油漆	非加工面涂底漆		
4	划线	划合箱面及顶面加工线		
5	铣	粗铣对合面	凸缘 A 面	铣床
6	铣	粗铣顶面	对合面	铣床
7	磨	磨对合面	顶面	平面磨床
8	钳	钻结合面连接孔	对合面、凸缘轮廓	钻床
9	钳	钻顶面螺纹底孔、攻螺纹	对合面两孔	钻床
10	检验	检验		

⊡ 表 13-5　减速器底座的加工工艺过程

工序号	工序名称	工序内容	装夹基准	加工设备
1	铸	铸造毛坯		
2	热处理	时效		
3	油漆	非加工面涂底漆		
4	划线	划对合面及底面加工线		
5	铣	粗铣对合面	凸缘 B 面	铣床
6	铣	粗铣底面	对合面	铣床
7	孔加工	钻底面 4 孔、锪沉孔、铰两个工艺孔	对合面、端面、侧面	加工中心
8	孔加工	钻侧面测油孔、放油孔、螺纹底孔、锪沉孔、攻螺纹	底面、两孔	加工中心
9	磨	磨对合面	底面	磨床
10	检验	检验		

⊡ 表 13-6　减速器箱体合箱后的加工工艺过程

工序号	工序名称	工序内容	装夹基准	加工设备
1	钳	将箱盖和底座对准合箱夹紧，配钻、铰 2 个定位销孔，打入锥销，根据箱盖配钻底座结合面的连接孔，锪沉孔		
2	钳	拆开箱盖与底座，修毛刺，重新装配箱体，打入锥销，拧紧螺栓		
3	铣	铣两端面	底面及两孔	铣床
4	镗	粗镗轴承支承孔、切割孔内槽	底面及两孔	镗床
5	镗	精镗轴承支承孔	底面及两孔	镗床
6	钳	去毛刺、清洗、打标记		
7	检验	检验		

13.4 圆柱齿轮的加工工艺

13.4.1 齿轮的功用、结构及技术要求

(1) 功用

齿轮在机器和仪器中应用极为广泛，其功用是按一定的传动比传递运动和动力。

(2) 结构特点

齿轮由于使用要求不同而具有各种不同的形状，但从工艺的角度来讲，可将齿轮看成由齿圈和轮体两部分构成。按照齿圈上轮齿的分布形式，可分为直齿轮、斜齿轮、人字齿轮；按照轮体的结构特点，可分为盘形齿轮、套筒齿轮、轴齿轮、扇形齿轮和齿条等，如图 13-12 所示。

(a) 直齿圆柱 　　　(b) 斜齿圆柱 　　　(c) 人字齿圆柱 　　　(d) 交错齿轮传动
齿轮传动 　　　　　齿轮传动 　　　　　齿轮传动

(e) 蜗杆传动 　　(f) 内啮合齿轮传动 　　(g) 齿轮齿条传动 　　(h) 直齿锥齿轮传动

图 13-12　常见齿轮传动的类型

在上述各种齿轮中，以盘形齿轮应用最广。盘形齿轮零件一般都是回转体，其结构特点是径向尺寸较大，轴向尺寸相对较小；主要几何构成有孔、外圆、端面和沟槽等。盘形齿轮的内孔多为精度较高的圆柱孔和花键孔，其轮缘具有一个或几个齿圈。其中孔和一个端面常常是加工、检验和装配的基准。

(3) 技术要求

根据齿轮的使用条件，对各种齿轮提出了不同的精度要求，以保证其传递运动准确、平稳、齿面接触良好和齿侧间隙适当。因此，齿轮传动应满足以下几个方面的要求。

① 传递运动准确性　要求齿轮较准确地传递运动，传动比恒定，即要求齿轮在一转中的转角误差不超过一定范围。

② 传递运动平稳性　要求齿轮传递运动平稳，以减小冲击、振动和噪声，即要求限制齿轮转动时瞬时速度的变化。

③ 载荷分布均匀性　要求齿轮工作时，齿面接触要均匀，以使齿轮在传递动力时不致因载荷分布不匀而使接触应力过大，引起齿面过早磨损。接触精度除了包括齿面接触均匀性以外，还包括接触面积和接触位置。

④ 传动侧隙合理性　要求齿轮工作时，非工作齿面间留有一定的间隙，以贮存润滑油，补偿因温度、弹性变形所引起的尺寸变化和加工、装配时的一些误差。

13.4.2　齿轮类零件材料及毛坯选择

(1) 材料

齿轮作为重要的机械传动零件，工作时齿面承受接触压应力和摩擦力，齿根承受弯曲应力，有时还要承受冲击力，故轮齿必须有较高的强度和韧性，齿面必须有较高的硬度和耐磨性。

一般来说，对于低速重载的传力齿轮，其齿面受压产生塑性变形和磨损，且轮齿易折断，应选用机械强度、硬度等综合力学性能较好的材料，如 18CrMnTi；线速度高的传力齿轮，齿面容易产生疲劳点蚀，所以齿面应有较高的硬度，可用 38CrMoAl 氮化钢；承受冲击载荷的传力齿轮，应选用韧性好的材料，如低碳合金钢 18CrMnTi；非传力齿轮可以选用不淬火钢、铸铁及夹布胶木、尼龙等非金属材料。一般用途的齿轮均可使用中碳结构钢和低碳合金结构钢（如 20Cr、40Cr、20CrMnTi）等材料制成。

(2) 毛坯

齿轮毛坯形式主要有型材、锻件和铸件。型材用于小尺寸、结构简单且对强度要求不太高的齿轮。当齿轮强度要求高，并要求耐磨损、耐冲击时，多用锻件毛坯。当齿轮的直径为 $\phi400 \sim 600\mathrm{mm}$ 时，常用铸造毛坯。大批量生产齿轮时可采用热轧或精密模锻的方法生产齿轮毛坯，以提高齿轮的力学性能。单件或小批量生产时，也可采用焊接方式制造大型齿轮的毛坯。

13.4.3　一般圆柱齿轮的主要加工工艺问题

(1) 选择定位基准

正确选择齿形加工的定位基准和安装方式，对齿轮制造精度有着重要的影响。切齿时，安装误差太大，就会增加齿圈的径向圆跳动，增大齿距积累误差和齿向误差；此外，工艺系统的刚度如果不够大，也会产生类似的加工误差，并在切削过程中产生振动，降低齿面质量。

对于带孔齿轮，在加工齿形时通常采用两种安装方式：

① 内孔和端面定位　选择既是设计基准又是测量基准和装配基准的内孔和端面作定位基准，既符合基准重合原则，又能使以后各工序的基准统一。使用心轴装夹时，不需找正，定位、测量和装配的基准重合，定位精度高，生产效率高，适用于产量较

大、质量要求稳定的批量生产。

② 外圆和端面定位 若齿轮坯件两端面对孔的轴线都有较高的垂直度要求，或要求两端面有较高的平行度而又不能在一次装夹中加工出孔和两端面，则可在第一次装夹中车好一个端面、内孔及外圆，然后调头，用已加工好的外圆作基准找正加工另一端面。这种装夹方法找正费时，效率低，但不需专用心轴，故适用于单件、小批量生产。

当工件批量较大时，为节省找正时间并使工件获得准确定位，可在三爪自定心卡盘上采用软卡爪装夹。装夹前先将卡爪定位支承面精车一刀，使工件已加工好的端面紧靠在定位支承面上，再夹紧已加工好的外圆，这样加工出来的端面与轴线的垂直度及两端面的平行度都较高。

(2) 齿坯的加工工艺

齿形加工之前的齿轮加工称为齿坯加工。齿坯的内孔、端面、轴颈或齿顶圆经常用作齿轮加工、测量和装配的基准，齿坯的精度对齿轮的加工精度有着重要的影响。因此，齿坯加工在整个齿轮加工中占有重要的地位。

在齿坯加工中，主要要求保证基准孔（或轴颈）的尺寸精度和形状精度，以及基准端面相对于基准孔（或轴颈）的相互位置精度。

(3) 齿面的加工方法

齿形加工方法的选择，主要取决于齿轮的精度等级、结构形状、生产类型和齿轮的热处理方法及生产工厂的现有条件。

常用的齿形加工方法有滚齿、插齿、剃齿、珩齿和磨齿。滚齿、插齿的加工精度可达 IT8～IT7，表面粗糙度 Ra 可达 $1.6\mu m$，可作为齿轮的半精加工。剃齿、珩齿和磨齿的加工精度可达 IT7～IT5，表面粗糙度 Ra 可达 $0.8～0.2\mu m$，可作为齿轮的精加工。

对于 IT8 以下齿轮可以采用滚齿或插齿加工；对于 IT7～IT6 级齿轮，齿形精加工采用剃齿或珩齿加工；对于 IT5 以上齿轮采用磨齿作为精加工。

(4) 齿轮热处理方法及工序的安排

齿轮是使用广泛的传动件，工作时的转速大多较高，齿面承受高频交变弯曲载荷作用，且有较大的滑动摩擦。因此，必须通过热处理提高齿面的耐磨性、抗疲劳强度和齿根的综合力学性能。常用的热处理工艺是整体正火或调质、齿面高频感应加热淬火、齿面渗碳淬火或表面渗氮处理等。

① 齿坯热处理 对于中低碳钢（或合金钢）材料的齿轮，齿坯常用的热处理方法有正火和调质。正火的目的是消除毛坯制造过程中产生的内应力，改善材料的切削性能，保证表面质量，安排在粗车前；调质的目的是消除毛坯制造和粗加工过程中产生的内应力，提高材料的综合力学性能，一般安排在齿坯粗加工之后、半精加工之前。对于铸铁材料的齿轮，齿坯常用的热处理方法有退火，目的是消除毛坯制造内应力，改善材料的切削性能等。

② 齿面热处理 为提高齿面的硬度和耐磨性，常进行高频感应加热淬火、渗碳淬火、渗氮和碳氮共渗等热处理工序。这些热处理工序通常安排在齿形半精加工之后进行。

a. 高频感应加热淬火。高频感应加热淬火是指采用高频电磁感应加热装置迅速将齿面温度加热到淬火温度，然后快速冷却，达到齿面淬硬的热处理方法。齿面高频感应加热淬火的变形比其他淬火方法小。当齿轮模数 $m \le 6mm$ 时，可用整体式感应器将全部齿面一次加热淬火；当模数 $m \ge 8mm$ 时，可用单齿式感应器逐齿分次加热淬火。

b. 渗碳淬火。齿面渗碳的齿轮一般采用整体淬火，渗碳层深度与齿轮模数有关。渗碳层太薄，容易引起表面疲劳剥落；渗碳层太厚，轮齿承受冲击的性能变坏。渗碳层厚度一般为 1/5～1/6 分度圆弦齿厚。渗碳淬火后的齿轮变形较大，因此，高精度齿轮渗碳淬火后还需进行磨齿加工；精度较低、淬火后不需精加工齿形的齿轮，可根据热处理变形量预先调整齿形切削加工余量补偿。

c. 渗氮。高速齿轮和要求热处理变形极小的中、小模数齿轮，常采用渗氮效果好的钢（如 38CrMoAl）制造，并对齿面进行渗氮处理。经渗氮处理的齿轮，其耐磨性及抗疲劳强度都很高。

d. 火焰淬火。对大模数、大直径的齿轮或受热处理设备限制施工困难的齿轮，可采用氧-乙炔火焰表面淬火。氧-乙炔火焰的温度极高，加热齿面时可很快达到淬火温度，随即将水或乳化液喷射到已加热的齿面上急冷，即能达到将齿面淬硬的目的。火焰淬火的齿面硬度不容易控制均匀，但对于缺少热处理设备的小型机修企业或齿面淬硬层要求不高的齿轮，这种方法仍具有实用意义。

13.4.4 生产实例分析

图 13-13 所示的汽车变速箱倒挡惰齿轮是一种精度较高的齿轮，使用的材料是 20MnCr5，热处理要求：渗碳，淬火硬度为 52HRC，大量生产。试制订倒挡惰齿轮的加工工艺过程。

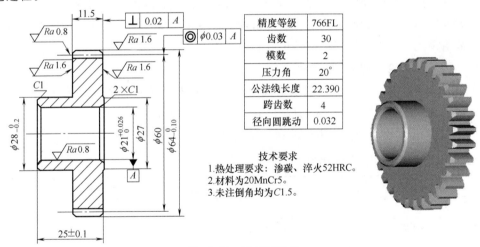

精度等级	766FL
齿数	30
模数	2
压力角	$20°$
公法线长度	22.390
跨齿数	4
径向圆跳动	0.032

技术要求
1. 热处理要求：渗碳、淬火52HRC。
2. 材料为20MnCr5。
3. 未注倒角均为C1.5。

图 13-13 倒挡惰齿轮

图 13-13 所示倒挡惰齿轮主要是用来传递运动和动力的，工作时一般都承受较大的转矩和径向载荷，对传动精度要求较高。所以在加工前应对齿轮零件的结构、功能、技术要求、定位基准和热处理等方面进行分析，确定其合理的加工工艺，保证齿轮的加工精度。

(1) 倒挡惰齿轮的加工工艺分析

① 主要技术要求　由图 13-13 可知，该齿轮为轿车变速箱倒挡惰齿轮，是模数为 2、齿数为 30 的单联直齿圆柱齿轮，精度等级为 766FL，其中分度圆对内孔轴线的同轴度为

$\phi0.03$mm，齿轮右侧端面对内孔轴线的垂直度为 0.02mm，热处理要求为渗碳，淬火硬度为 52HRC。

② 齿轮毛坯的选择 图 13-13 所示齿轮的材料为低碳合金钢 20MnCr5，主要起传递扭矩和运动的作用。因此，该齿轮零件的毛坯选锻件。

③ 定位基准选择 加工如图 13-13 所示齿轮的定位基准选择：粗加工时，以 $\phi28^{\ 0}_{-0.2}$mm 外圆和轮齿左端面为基准，加工齿轮右端面、$\phi64^{\ 0}_{-0.10}$mm 外圆、$\phi21^{+0.026}_{\ 0}$mm 内孔；再以 $\phi64^{\ 0}_{-0.10}$mm 外圆和右端面为基准，加工 $\phi28^{\ 0}_{-0.2}$mm 外圆、左端面和长度。半精加工时，以 $\phi64^{\ 0}_{-0.10}$mm 外圆和左端面为基准，加工右端面台阶外圆 $\phi27$mm 和内孔 $\phi21^{+0.026}_{\ 0}$mm。精加工时，以内孔为基准，加工 $\phi64^{\ 0}_{-0.10}$mm 外圆、$\phi28^{\ 0}_{-0.2}$mm 外圆；以内孔和右端面为基准进行齿面加工。

④ 选择齿坯的加工方案 图 13-13 所示的齿轮，在加工齿坯时，除保证尺寸精度外，更重要的是保证相互位置精度。因此，在加工齿坯时的加工方案为：粗车→半精车→车孔，铰孔→精车。

⑤ 选择齿面的加工方案 图 13-13 所示的齿轮在工作中的运动精度要求较高，故齿形机械加工方案为：滚齿＋珩齿，即用滚齿加工作为该齿轮齿形的粗加工和半精加工方式，控制分齿精度和运动精度；用珩齿的加工方法作为齿形的精加工方式，提高齿形精度，降低齿面粗糙度值。

⑥ 热处理方法的选择 图 13-13 所示的齿轮，加工时选择正火做齿坯热处理，齿面热处理为渗碳，淬火后的硬度为 52HRC。该齿轮的材料为低碳合金钢，未经热处理时强度和硬度不高，也不耐磨，所以技术要求规定齿面渗碳，其目的是进一步提高齿轮表面的耐磨性。淬火后的齿面硬度高，但心部仍保持较高的韧性。因此，齿面耐磨性、抗疲劳强度高，轮齿能承受较大的冲击载荷，符合齿轮工作性质的要求。因齿面经渗碳淬火后有氧化层，故需采用珩齿工艺实现最终的精度要求。

（2）倒挡惰齿轮的加工工艺过程

① 加工顺序 图 13-13 所示倒挡惰齿轮的加工工艺过程为：毛坯锻造→正火→齿坯加工→齿形加工（滚齿）→齿面热处理（渗碳、淬火）→珩齿。

② 加工工艺过程 倒挡惰齿轮的加工工艺过程见表 13-7。

☐ **表 13-7 大批量生产倒挡惰齿轮的工艺过程**

工序号	工序名称	工序内容	装夹基准	加工设备
1	锻造	锻造毛坯		
2	热处理	正火处理,硬度 260～280HBS		
3	粗车	(1)粗车大端外圆至 $\phi66.5$mm×12mm (2)粗车端面 (3)车孔 $\phi20.4$mm (4)内孔倒角	小外圆与左端面	卧式车床
4	粗车	(1)掉头 (2)粗车外圆至 $\phi28$mm×12.5mm (3)粗车端面,保证长度 12.3mm (4)齿坯倒角 (5)小外圆倒角	大外圆与右端面	卧式车床

工序号	工序名称	工序内容	装夹基准	加工设备
5	精车	(1)精车大端外圆至尺寸 (2)半精车孔至 $\phi(20.8\pm0.05)$ mm (3)精车大端面 (4)齿顶圆倒角 $C1.5$ mm	小外圆与左端面	卧式车床
6	车	精车小台阶、小端面、车孔、铰孔	大外圆与右端面	卧式车床
7	滚齿	滚齿($Z=30$),留珩齿余量 0.07~0.10mm	内孔与右端面	滚齿机
8	热处理	渗碳,淬火后硬度达 52HRC		
9	珩齿	珩齿		珩齿机
10	检验	终检、去毛刺、入库		

课后练习

（1）如何确定轴类零件的毛坯？

（2）如何划分轴类零件的加工阶段？

（3）轴类零件除了遵循加工顺序的一般原则外，还要考虑哪些方面的因素？

（4）保证套类零件相互位置精度的工艺措施有哪些？

（5）防止套类零件变形的工艺措施有哪些？

（6）箱体有何功用？

（7）箱体类零件加工顺序的安排应遵循哪些原则？

（8）圆柱齿轮零件的技术要求有哪些？

（9）圆柱齿轮零件的装夹方式有哪几种？各有什么特点？

（10）圆柱齿轮零件的加工分哪两个阶段？每个阶段的主要加工任务是什么？

（11）圆柱齿轮零件的常用热处理方法有哪几种？每一种热处理方法的工序应如何安排？

（12）如图 13-14 所示的圆柱直齿齿轮，批量生产，材料为 20Cr，采用锻件毛坯，试分析它的加工工艺过程。

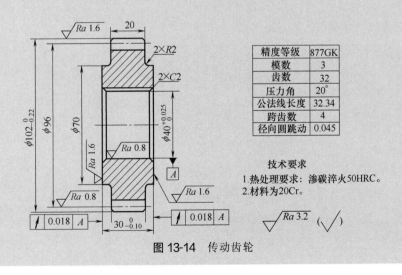

图 13-14 传动齿轮

［1］　闫纂文. 机械制造工艺基础［M］. 7 版. 北京：中国劳动社会保障出版社，2018.

［2］　崔兆华. 数控加工基础［M］. 4 版. 北京：中国劳动社会保障出版社，2018.

［3］　崔兆华. 机械制造工艺工艺学［M］. 3 版. 北京：中国劳动社会保障出版社，2021.

［4］　崔兆华. 机械制造工艺与装备［M］. 3 版. 北京：中国劳动社会保障出版社，2020.

［5］　崔兆华. 数控车床（中级）［M］. 北京：机械工业出版社，2016.

［6］　崔兆华. 数控车床（高级）［M］. 北京：机械工业出版社，2018.